Fabian Prilasnig

Gravitomagnetischer Zeiteffekt - Eine weitere Bestätigung der Allgemeinen Relativitätstheorie

GRIN Verlag

Bibliografische Information der Deutschen Nationalbibliothek:

Die Deutsche Bibliothek verzeichnet diese Publikation in der Deutschen Nationalbibliografie; detaillierte bibliografische Daten sind im Internet über http://dnb.d-nb.de/ abrufbar.

Impressum:

Druck und Bindung: Books on Demand GmbH, Norderstedt Germany
ISBN: 978-3-640-28466-5

Dieses Buch bei GRIN:

http://www.grin.com/de/e-book/123870/gravitomagnetischer-zeiteffekt-eine-weitere-bestaetigung-der-allgemeinen

Gravitomagnetischer Zeiteffekt

Prilasnig Fabian

Diplomarbeit am Institut für Astronomie der Karl-Franzens-Universität Graz

Juni 1999

Inhaltsverzeichnis

Kapitel 1

Zeiteffekt im gravitomagnetischen Feld der Erde

1.1 Einleitung

Innerhalb unseres Sonnensystems können relativistische Gravitationstheorien nur begrenzt, bezogen auf schwache Felder, getestet werden. Der einfache Grund dafür ist das Fehlen von starken Gravitationsobjekten in diesem Teil unseres Universums. Daraus folgt, daß relativistische Gravitationsexperimente im Sonnensystem nur kleine Korrekturen der Newton'schen Theorie liefern, welche natürlich schwer zu messen sind.

Um relativistische Gravitation im Makrokosmos zu beschreiben, verwenden wir normalerweise Einstein's allgemeine Relativitätstheorie. Es ist bekannt, daß in einer *Schwachfeld-Näherung* die allgemeine Relativitätstheorie formal analog der Maxwell'schen relativistischen Elektrodynamik ist, und wird daher Gravitationselektrodynamik genannt. Die allgemeine Relativitätstheorie wurde als eine Feldtheorie entwickelt, die formal ähnlich der Elektrodynamik ist, welche dynamische Felder beschreibt. Wenn größere Geschwindigkeiten und stärkere Felder betrachtet werden, bestehen aber einige grundsätzliche Unterschiede.

Bei dem sogenannten *Gravitationselektromagnetismus* ist es möglich, Fernfelder, die durch isolierte Ladungs- und Stromflußverteilungen erzeugt werden, durch Multipolentwicklungen zu beschreiben. Dies ist von der Maxwelltheorie bekannt, wo die entsprechenden multipolaren Momente in elektrische, aufgrund der elektrischen Ladungsverteilung, und in magnetische Momente, aufgrund der Stromflußverteilung, aufgeteilt sind.

Ein analoger Formalismus wird in der linearisierten Feldtheorie verwendet, in welcher gravitoelektrische und gravitomagnetische Felder eingeführt werden, die entweder auf Massenverteilungen oder Massenstromverteilungen zurückzuführen sind.

Die Standardtests der allgemeinen Relativitätstheorie wie Merkurperiheldrehung, Lichtablenkung und Radarzeitverzögerung im Schwerefeld der Sonne sowie die relativistische Rotverschiebung werden durch relativistische gravitoelektrische Korrekturen erklärt, jedoch liefern diese Tests keine direkten Informationen über gravitomagnetische Korrekturen.

In der allgemeinen Relativitätstheorie gibt es die sogenannten „klassischen“ gravitomagnetischen Effekte, die durch den *Lense-Thirring Effekt* erklärt werden, der sich in einer Mitnahme der Inertialsysteme zeigt und im Jahre 1918 entdeckt wurde und experimentell schwer nachzuweisen ist.

Der Beweis, ob rotierende Massen tatsächlich das Gravitationsfeld modifizieren, ist nicht nur vom physikalischen, sondern auch vom philosophischen Standpunkt aus sehr wichtig, da damit die Frage nach der Existenz des absoluten Raumes verbunden ist. *Newton* hob das Problem des Status' des Raumes auf eine physikalische Basis, indem er dem absoluten Raum eine physikalische Realität zuschrieb, welche via Inertialkräfte in Erscheinung tritt.

Mach hingegen kritisierte Newton's Konzept des absoluten Raumes, da er meinte, daß dynamische Vorgänge nicht absolute Elemente enthalten sollten. Aufgrund von Beobachtungen, die zeigten, daß Inertialkräfte nur in beschleunigten Bezugssystemen bezüglich den Fixsternen vorkommen, war für Mach daher klar, daß die lokalen Inertialsysteme durch die Verteilung der Materie im Universum bestimmt werden und der absolute Raum dadurch überflüssig wird, d. h. , *wenn der Raum auf die Materie wirkt, dann soll auch umgekehrt die Materie auf den Raum wirken.*

Dies nennt man das *Mach'sche Prinzip*, welches im Gegensatz zur Newton'schen Auffassung stand, in welcher nur der Raum eine Wirkung ausübt. Es wird allgemein geglaubt, daß bestimmte gravitomagnetische Effekte in der allgemeinen Relativitätstheorie die Mach´sche Idee widerspiegeln.
Folglich müßte eine Untersuchung dieser Phänomene bei der Klärung einer der rätselhaftesten Fragen in der Physik helfen können:
Woher kommt die Trägheit?

Im folgendem Kapitel möchte ich einen interessanten Zeiteffekt (Uhreneffekt) in den Mittelpunkt stellen. Man betrachte die Eigenzeitdifferenz zweier Standarduhren, die identen Umlaufbahnen um einen rotierenden Körper in prograder bzw. retrograder Richtung folgen.
Zuerst werden die *kreisförmigen Geodätenbahnen im Schwarzschildfeld* explizit dargestellt, die für die störungstheoretischen Berechnungen der kreisförmigen Geodätenbahnen im linearisierten Kerrfeld als *nullte Näherung* Verwendung finden werden.
Danach werden äquatoriale Kreisbahnen betrachtet und die Zeitdifferenz der beiden Umlaufszeiten für ein *fixes Zeitintervall (eine Keplerperiode)* sowie für einen *fixen Winkel (ein Azimutintervall von 2π)* berechnet.

Die in expliziter Form dargestellten *kreisförmigen Geodätenbahnen in der linearisierten Kerr-Metrik* können analytisch nur störungstheoretisch berechnet und der gravitomagnetische Zeiteffekt kann natürlich auf Kreisbahnen mit beliebiger Neigung (Inklination) zur Äquatorebene verallgemeinert werden.

Es wird sich herausstellen, daß sich für verschiedene Phasenwinkel die Abhängigkeit der Zeitdifferenz von der Inklination jeweils anders verhält. Grundsätzlich müßten aufgrund physikalischer Überlegungen die Zeitdifferenzen für jeden betrachteten Phasenwinkel im Falle äquatorialer Kreisbahnen gleich bleiben und für polare Umlaufbahnen verschwinden.

Es wird sich jedoch herausstellen, daß für alle betrachteten Phasenwinkel, die ungleich null sind, die Zeitdifferenzen für polare Umlaufbahnen nicht verschwinden, sondern gegen unendlich streben. Dieses Ergebnis deutet darauf hin, daß die mathematischen Lösungen für Kreisbahnen hoher Inklinationen die physikalischen Überlegungen widersprechen, d. h. die Geodätengleichung $\phi(\tau)$ verliert ihre Gültigkeit im Bereich hoher Inklinationen.

Für allgemeine exzentrische Geodätenbahnen wurden bis jetzt noch keine analytischen Berechnungen durchgeführt, weil angenommen wird, daß die entsprechenden Bewegungsgleichungen nur durch numerische Integration gelöst werden können. Diese Problemstellung wird hier nicht weiter behandelt werden.

1.2 Beziehung zwischen Koordinatenzeit und Eigenzeit

Diese Beziehung kann über das Linienelement $ds^2 = g_{\mu\nu} dx^\mu dx^\nu$ gefunden werden. Ausgehend von der Minkowski-Metrik $ds^2 = c^2 dt^2 - d\vec{x}^2$ erhält man bei der Betrachtung einer Uhr, die sich mit einem freien Teilchen mitbewegt (d.h. $dx^i = 0$ und $dt = d\tau$), folgende Gleichung

$$d\tau = \frac{ds}{c}$$

Es gilt:

$\tau \ldots$ Eigenzeit
$t \ldots$ Koordinatenzeit
$c \ldots$ Lichtgeschwindigkeit
$g_{\mu\nu} \ldots$ metrischer Tensor

Division durch $c\,dt$ liefert

$$\frac{d\tau}{cdt} = \frac{1}{c}\sqrt{g_{\mu\nu}\frac{dx^\mu}{cdt}\frac{dx^\nu}{cdt}}$$

Es werden nun die Indizes wie folgt bezeichnet:

$0 \ldots$ Zeitkoordinate: $x^0 = ct$
$i \ldots$ Raumkoordinaten: $x^i = x^1, x^2, x^3$

Somit bekommt man

$$\begin{aligned}\frac{d\tau}{cdt} &= \frac{1}{c}\sqrt{g_{00} + 2\,g_{0i}\frac{dx^i}{cdt} + g_{ij}\frac{dx^i}{cdt}\frac{dx^j}{cdt}} \\ &= \frac{1}{c}\sqrt{g_{00} + 2\,g_{0i}\frac{v^i}{c} + g_{ij}\frac{v^i v^j}{c^2}}\end{aligned}$$

$$d\tau = \sqrt{g_{00} + 2\,g_{0i}\frac{v^i}{c} + g_{ij}\frac{v^i v^j}{c^2}}\,dt \tag{1.1}$$

Eine Uhr in Ruhe (d. h. $v^i = 0$) mißt die Zeit

$$d\tau = \sqrt{g_{00}}\,dt \tag{1.2}$$

1.3 Lense-Thirring Effekt

Der durch Eigenrotation der Massenverteilung entstehende Massenstrom liefert einen Beitrag zum Gravitationsfeld und diese Störung nennt man den *Lense-Thirring Effekt*, der 1918 von den zwei aus Wien stammenden Physikern Lense und Thirring entdeckt worden ist.
In einer der Maxwell'schen analogen Theorie der Gravitation ist die Rotation Ω eines lokalen Inertialsystems in der Nähe eines Drehkörpers mit Radius R, Masse M und Winkelgeschwindigkeit ω gegeben durch (siehe [2])

$$\vec{\Omega}(r) = \frac{2\,GMR^2}{5\,c^2}\frac{3(\vec{\omega}\vec{r})\,\vec{r} - \vec{\omega}r^2}{r^5} \tag{1.3}$$

Dabei wird G als die Gravitationskonstante und r als die Entfernung eines bestimmten Objekts vom Drehkörper bezeichnet.
In der Äquatorebene ist $\vec{\omega}\cdot\vec{r} = 0$, da der Vektor $\vec{\omega}$ normal auf den Abstandsvektor $\vec{r}$ steht, und daher folgt

$$\vec{\Omega}(r) = -\frac{2\,GMR^2}{5\,c^2 r^3}\,\vec{\omega}$$

Wenn nun das Drehmoment $J = 2/5\,M\omega R^2$ des Drehkörpers eingeführt wird, liefert dies folgende Gleichung

$$\Omega(r) = -\frac{G}{c^2\,r^3}\,J \tag{1.4}$$

Dieser Ausdruck entspricht der Rotation eines lokalen Inertialsystems in der Äquatorebene, während die Gleichung (1.3) die Rotation an einer beliebigen Stelle r beschreibt.
Der Dipol-Beitrag ähnelt dem Magnetfeld einer rotierenden kugelsymmetrischen Ladungsverteilung und daher spricht man von einem *gravitativen „Magnetfeld“*.

1.4 Die allgemeine Bewegung eines Teilchens

Man geht von der Beziehung des Linienelementes aus

$$ds^2 = \sum_{\mu=0}^{3}\sum_{\nu=0}^{3} g_{\mu\nu} dx^\mu dx^\nu = g_{\mu\nu} dx^\mu dx^\nu \tag{1.5}$$

Nun findet man einen Zusammenhang zwischen der Metrik (1.5) und der Lagrange-Funktion, wenn man die minimale Weglänge $\int ds$ bezüglich einer beliebigen Kurve $x^\mu(\tau)$ betrachtet

$$\delta \int ds = \delta \int \sqrt{g_{\mu\nu}\, dx^\mu dx^\nu} = 0 \tag{1.6}$$

Anders geschrieben folgt

$$\delta \int d\tau \sqrt{g_{\mu\nu} \frac{dx^\mu}{d\tau} \frac{dx^\nu}{d\tau}} = 0$$

Wegen dem Hamilton'schen Prinzip bekommt man aufgrund der allgemeinen Definition der Lagrange-Funktion $L(q, \dot{q}, \tau)$, wobei q eine allgemeine Koordinate und τ die Eigenzeit bezeichnet, folgenden Ausdruck

$$\delta \int d\tau \sqrt{g_{\mu\nu} \frac{dx^\mu}{d\tau} \frac{dx^\nu}{d\tau}} = \delta \int L\, d\tau = 0$$

Somit lautet die Lagrange-Funktion

$$L = \sqrt{g_{\mu\nu} \frac{dx^\mu}{d\tau} \frac{dx^\nu}{d\tau}} \tag{1.7}$$

Über das Hamilton'sche Prinzip gelangt man zu den gewünschten Bewegungsgleichungen (Lagrange-Gleichungen 2. Art), welche man mathematisch durch die Variationsrechnung bekommt.

Die Lösung dieses Variationsproblems erfolgt durch die Euler'schen Differentialgleichungen, die mit den Lagrange'schen Bewegungsgleichungen formal identisch sind. Es kann durch explizite Berechnung der Lagrange'schen Bewegungsgleichungen gezeigt werden, daß es irrelevant ist, ob die Wurzel der Lagrange-Funktion berücksichtigt wird oder nicht, da in beiden Fällen die Euler'schen Differentialgleichungen erfüllt sind.

1.5 Analytische Lösungen der allgemeinen Bewegungsgleichungen in der Schwarzschild-Metrik

Die Schwarzschild-Metrik, die zur Beschreibung des Raumes starrer Zentralkörper verwendet wird, lautet

$$ds^2 = \left(1 - \frac{R_s}{r}\right) c^2 dt^2 - \frac{dr^2}{1 - R_s/r} - r^2(d\theta^2 + \sin^2\theta \, d\phi^2) \tag{1.8}$$

mit

$$R_s = \frac{2\,G\,M}{c^2} = \frac{2\,r^3\,\Omega_0^2}{c^2} \tag{1.9}$$

und die metrischen Koeffizienten sind

$$\begin{aligned} g_{00} &= g_{tt} = && \left(1 - \frac{R_s}{r}\right) \\ g_{11} &= g_{rr} = && -\frac{1}{\left(1 - \frac{R_s}{r}\right)} \\ g_{22} &= g_{\theta\theta} = && -r^2 \\ g_{33} &= g_{\phi\phi} && = -\sin^2\theta\, r^2 \end{aligned}$$

Die Lagrange-Funktion stellt sich wie folgt dar

$$L = g_{tt}\, c^2\, \dot{t}^2 + g_{rr}\, \dot{r}^2 + g_{\theta\theta}\, \dot{\theta}^2 + g_{\phi\phi}\, \dot{\phi}^2$$

Mit den Abkürzungen $\cdot = d/d\tau$, $' = d/dr$ und $* = d/d\theta$ lauten die Lagrange'schen Bewegungsgleichungen der Metrik (1.8)

$$\begin{aligned} \frac{d}{d\tau}\frac{\partial L}{\partial \dot{t}} - \frac{\partial L}{\partial t} &= \frac{d}{d\tau}\left(2\, g_{tt}\, c^2\, \dot{t}\right) = 0 \\ \frac{d}{d\tau}\frac{\partial L}{\partial \dot{r}} - \frac{\partial L}{\partial r} &= \frac{d}{d\tau}\left(2\, g_{rr}\, \dot{r}\right) - g_{tt}'\, c^2\, \dot{t}^2 - g_{rr}'\, \dot{r}^2 - g_{\theta\theta}'\, \dot{\theta}^2 - g_{\phi\phi}'\, \dot{\phi}^2 = 0 \\ \frac{d}{d\tau}\frac{\partial L}{\partial \dot{\theta}} - \frac{\partial L}{\partial \theta} &= \frac{d}{d\tau}\left(2\, g_{\theta\theta}\, \dot{\theta}\right) - g_{tt}^*\, c^2\, \dot{t}^2 - g_{rr}^*\, \dot{r}^2 - g_{\theta\theta}^*\, \dot{\theta}^2 - g_{\phi\phi}^*\, \dot{\phi}^2 = 0 \\ \frac{d}{d\tau}\frac{\partial L}{\partial \dot{\phi}} - \frac{\partial L}{\partial \phi} &= \frac{d}{d\tau}\left(2\, g_{\phi\phi}\, \dot{\phi}\right) = 0 \end{aligned}$$

Die Schwarzschild-Metrik ist stationär und symmetrisch.

Die Erhaltungsgrößen Energie E und azimutaler Drehimpuls I ergeben sich aus der ersten und letzten Bewegungsgleichung, da diese zwei Gleichungen Integrale der Bewegung sind. Sie lauten

$$\begin{aligned} 2\, g_{tt}\, c^2\, \dot{t} &= E \\ 2\, g_{\phi\phi}\, \dot{\phi} &= I \end{aligned}$$

Diese beiden Erhaltungsgrößen werden in der Literatur generell ohne den Faktor 2 geschrieben, da es vom physikalischem Standpunkt aus irrelevant ist, ob eine Erhaltungsgröße um einen konstanten Faktor größer ist oder nicht. Wichtig ist nur, daß sie im Laufe der Zeit ihren eigentlichen Wert beibehält.

Somit werden die Energie E und der azimutale Drehimpuls I folgend angeschrieben

$$\begin{aligned} \left(1 - \tfrac{R_s}{r}\right) c^2\, \dot{t} &= E \\ r^2 \sin^2\theta\, \dot{\phi} &= I \end{aligned} \tag{1.10}$$

Berechnung der Ableitungen der metrischen Koeffizienten liefert

Ableitung nach $d/dr =\,'$:

$$\begin{aligned} g'_{tt} &= \frac{R_s}{r^2} \\ g'_{rr} &= \frac{R_s}{r^2\left(1 - \frac{R_s}{r}\right)^2} \\ &= \frac{g'_{tt}}{\left(1 - \frac{R_s}{r}\right)^2} \\ g'_{\theta\theta} &= -2\, r \\ g'_{\phi\phi} &= -2\, r \sin^2\theta \end{aligned}$$

Ableitung nach $d/d\theta = *$:

$$\begin{aligned} g*_{tt} &= 0 \\ g*_{rr} &= 0 \\ g*_{\theta\theta} &= 0 \\ g*_{\phi\phi} &= -2\, r^2 \sin\theta\, \cos\theta \end{aligned}$$

Die allgemeinen Bewegungsgleichungen der Schwarzschild-Metrik lauten in expliziter Form

$$\frac{d}{d\tau}\left[2\left(1-\frac{R_s}{r}\right)c^2\,\dot{t}\right] = 0 \qquad (1.11a)$$

$$\frac{d}{d\tau}\left[-2\,\dot{r}\left(\frac{1}{1-\frac{R_s}{r}}\right)\right] - \frac{R_s}{r^2}\,c^2\,\dot{t}^2 - \\ -\frac{R_s}{r^2\left(1-\frac{R_s}{r}\right)^2}\,\dot{r}^2 + 2\,r\,\dot{\theta}^2 + 2\,r\sin^2\theta\,\dot{\phi}^2 = 0 \qquad (1.11b)$$

$$\frac{d}{d\tau}\left(-2\,r^2\,\dot{\theta}\right) + 2\,r^2\sin\theta\,\cos\theta\,\dot{\phi}^2 = 0 \qquad (1.11c)$$

$$\frac{d}{d\tau}\left(2\,r^2\sin^2\theta\,\dot{\phi}\right) = 0 \qquad (1.11d)$$

Aufgrund der Betrachtung von Kreisbahnen ist r konstant, und somit werden die Gleichungen (1.11b) und (1.11c) folgend geschrieben

$$-\frac{R_s}{r^2}c^2\,\dot{t}^2 + 2\,r\,\dot{\theta}^2 + 2\,r\sin^2\theta\,\dot{\phi}^2 = 0$$

$$-2\,r^2\,\ddot{\theta} + 2\,r^2\sin\theta\,\cos\theta\,\dot{\phi}^2 = 0$$

Durch Division von $-2\,r$ bzw. $-2\,r^2$ dieser beiden Gleichungen und unter Beachtung der beiden Integrale der Bewegung (1.10) können die Bewegungsgleichungen folgend umgeformt werden

$$\dot{t} = \frac{E}{c^2\left(1-\frac{R_s}{r}\right)} \qquad (1.12)$$

$$\frac{R_s}{2\,r^3}\,c^2\,\dot{t}^2 - \dot{\theta}^2 - \sin^2\theta\,\dot{\phi}^2 = 0 \qquad (1.13)$$

$$\ddot{\theta} - \sin\theta\,\cos\theta\,\dot{\phi}^2 = 0 \qquad (1.14)$$

$$\dot{\phi} = \frac{I}{r^2\sin^2\theta} \qquad (1.15)$$

Für die Bahnfrequenz gilt

$$\frac{d\phi}{d\tau} \equiv \Omega_{SS} = \frac{L}{r^2} = \frac{I}{r^2 \cos\alpha} = \sqrt{\frac{\Omega_0^2}{1 - 3\,R_s/2\,r}} \tag{1.16}$$

L bezeichnet den Bahndrehimpuls und aus Gleichung (1.14) und (1.15) folgt, wenn Gleichung (1.15) in Gleichung (1.14) eingesetzt wird,

$$\ddot{\theta} - \frac{I^2}{r^4}\frac{\cos\theta}{\sin^3\theta} = 0$$

Da $\ddot{\theta} = \frac{d\dot{\theta}}{d\theta}\,\dot{\theta}$ ist, kann man schreiben

$$\frac{d\dot{\theta}}{d\theta}\,\dot{\theta} = \frac{I^2}{r^4}\frac{\cos\theta}{\sin\theta}\frac{1}{\sin^2\theta}$$

Integration nach $d\theta$ ergibt

$$\frac{\dot{\theta}^2}{2} = \frac{I^2}{r^4}\int \underbrace{\frac{\cos\theta}{\sin\theta}}_{\cot\theta}\frac{1}{\sin^2\theta}\,d\theta$$

Durch partielle Integration der rechten Seite

$$\int \cot\theta\,\frac{1}{\sin^2\theta}\,d\theta = -\frac{\cot^2\theta}{2} + C_1$$

bekommt man

$$\dot{\theta}^2 = \frac{I^2}{r^4}\left(-\cot^2\theta + 2\,C_1\right)$$

Weil $\cot^2\theta = 1/\sin^2\theta - 1$ ist, erhält man weiters

$$\dot{\theta}^2 = \frac{I^2}{r^4}\left(-\frac{1}{\sin^2\theta} + \underbrace{1 + 2\,C_1}_{C_2}\right)$$

Die Integrationskonstante ist $C = I^2 C_2/r^4$ und diese Differentialgleichung erster Ordnung wird durch Separation der Variablen gelöst.

Man schreibt

$$\begin{aligned}\dot{\theta} &= \sqrt{C - \frac{I^2}{r^4}\frac{1}{\sin^2\theta}} \\ &= \frac{I}{r^2}\frac{\sqrt{C_2\sin^2\theta - 1}}{\sin\theta}\end{aligned} \tag{1.17}$$

Durch Trennung der beiden Variablen ergibt sich

$$\frac{\sin\theta}{\sqrt{C_2\sin^2\theta - 1}}\,d\theta = \frac{I}{r^2}\,d\tau$$

Aufgrund der Substitution

$$x = \cos\theta$$

$$dx = -\sin\theta\,d\theta$$

erhält man mit dem Ausdruck $k^2 = 1 - 1/C_2$ folgende Stammfunktion

$$-\int\frac{dx}{\sqrt{C_2\,(1-x^2)-1}} = -\frac{1}{\sqrt{C_2}}\int\frac{dx}{\sqrt{k^2-x^2}} = \frac{I}{r^2}\int d\tau$$

Die Lösung dieses Integrals erzielt man aus der Formel

$$\int\frac{dx}{\sqrt{e^2-x^2}} = \arcsin\left(\frac{x}{e}\right)$$

Man setzt $e = k$, und daraus folgt

$$\begin{aligned}-\frac{1}{\sqrt{C_2}}\arcsin\left(\frac{x}{k}\right) &= \frac{I}{r^2}(\tau+\tau_o) \\ \arcsin\left(\frac{\cos\theta}{k}\right) &= -\sqrt{C_2}\,\frac{I}{r^2}\,(\tau+\tau_o)\end{aligned}$$

Der nächste Schritt ist die Umformung auf $\cos\theta$

$$\cos\theta = k\,\sin\left(-\sqrt{C_2}\,\frac{I}{r^2}\,(\tau+\tau_o)\right)$$

Es ergibt sich aus der Beziehung

$$\frac{I}{r^2} = \Omega_{SS} \cos\alpha$$

durch Umformen auf $\sqrt{C_2}$

$$\Omega_{SS} = \sqrt{C_2}\, \Omega_{SS} \cos\alpha$$

folgende Relation

$$\sqrt{C_2} = \frac{1}{\cos\alpha}$$

Somit folgt

$$\begin{aligned}
\cos\theta &= \sqrt{1 - \frac{1}{C_2}} \sin\left(\underbrace{-\sqrt{C_2}\,\frac{I}{r^2}}_{\Omega_{SS}} (\tau + \tau_o)\right) \\
&= \sqrt{1 - \cos^2\alpha}\, \sin\left[-\Omega_{SS}\,(\tau + \tau_o)\right] \\
&= \sqrt{1 - \cos^2\alpha}\, \cos\left[\Omega_{SS}\,(\tau + \tau_o) - \frac{\pi}{2}\right]
\end{aligned}$$

Mit dem konstanten Phasenwinkel $\eta_o = \Omega_{SS}\, \tau_o - \pi/2$ bekommt man folgendes Ergebnis

$$\theta(\tau) = \arccos\left[\sin\alpha\, \cos\left(\Omega_{SS}\, \tau + \eta_o\right)\right] \qquad (1.18)$$

Durch Integration der Gleichung (1.12) gelangt man zu folgendem Ergebnis, wenn $E = c^2\,(1 - R_s/r)\,\Omega_{SS}/\Omega_0$ gesetzt wird,

$$\begin{aligned}
t(\tau) &= \frac{E\, r}{r - R_s}\, \tau + C \\
&= \frac{\Omega_{SS}}{\Omega_0}\, \tau + t_o
\end{aligned} \qquad (1.19)$$

Aus der Anfangsbedingung $t(0) = t_o$ sieht man aus obiger Gleichung sofort, daß die Integrationskonstante $C = t_o$ sein muß, wobei t_o einen beliebigen Koordinatenzeitpunkt charakterisiert.

Schlußendlich betrachtet man die Gleichung (1.15), die sich auch so schreiben läßt

$$d\phi/d\tau = \frac{I}{r^2\,(1-\cos^2\theta)}$$

Unter der Verwendung der Gleichung (1.18) erhält man durch Separation der Variablen

$$\int d\phi = \frac{I}{r^2}\int \frac{d\tau}{1-\sin^2\alpha\,\cos^2(\Omega_{SS}\,\tau+\eta_o)}$$

Es wird hier zur Lösung der Stammfunktion folgende Formel angewandt, die dann gültig ist, wenn $b^2 > d^2$ und $b > 0$ ist,

$$\int \frac{dx}{b^2-d^2\cos^2(e\,x)} = \frac{1}{e\,b\sqrt{b^2-d^2}}\arctan\left(\frac{b\,\tan(e\,x)}{\sqrt{b^2-d^2}}\right)$$

Es ist $b^2 = 1$, $d^2 = \sin^2\alpha$ und $e = \Omega_{SS}$, und daher folgt

$$\phi(\tau) = \frac{I}{r^2}\left[\frac{1}{\Omega_{SS}\sqrt{1-\sin^2\alpha}}\arctan\left(\frac{\tan(\Omega_{SS}\,\tau+\eta_o)}{\sqrt{1-\sin^2\alpha}}\right)\right]+C$$

Da $\Omega_{SS} = I/r^2\cos\alpha$ ist, vereinfacht sich der der Ausdruck, wobei χ_o einen konstanten Phasenwinkel bezeichnet, der den Startpunkt des Teilchens festlegt, zu

$$\phi(\tau) = \arctan\left[\frac{1}{\cos\alpha}\tan(\Omega_{SS}\,\tau+\eta_o)\right]+\chi_o \tag{1.20}$$

Fasst man die Gleichungen (1.18), (1.19) und (1.20) zusammen, so lauten die kreisförmigen Geodätenbahnen in der Schwarzschild-Metrik explizit

$$t(\tau) = \frac{\Omega_{SS}}{\Omega_0}\,\tau + t_o \tag{1.21a}$$

$$r(\tau) = r_o \tag{1.21b}$$

$$\theta(\tau) = \arccos\left[\sin\alpha\,\cos(\Omega_{SS}\,\tau+\eta_o)\right] \tag{1.21c}$$

$$\phi(\tau) = \arctan\left[\frac{1}{\cos\alpha}\tan(\Omega_{SS}\,\tau+\eta_o)\right]+\chi_o \tag{1.21d}$$

1.6 Die linearisierte Kerr-Metrik

Es werden zwei Annahmen gemacht:

1. Kugelsymmetrische Massenverteilungen, d. h. das Quadrupolmoment wird vernachlässigt. Dieses Moment beschreibt die durch den Eigendrehimpuls des Körpers hervorgerufene Rotationsabplattung.

2. Es werden langsam rotierende Massenverteilungen betrachtet, d. h. die Geschwindigkeit der Massenverteilung u ist sehr klein gegenüber der Lichtgeschwindigkeit.

Man bekommt folgende Näherungen

$$\frac{u}{c} \ll 1 \tag{1.22a}$$

$$\frac{R_s}{R} \ll 1 \tag{1.22b}$$

$$\frac{K}{\kappa} \ll 1 \tag{1.22c}$$

Dabei ist $R_s = 2\,GM/c^2$ der Schwarzschildradius, R der Radius der Massenverteilung (Körper), $K = 2\,GM/c^2\,r^3$ die Krümmung des Raumes im Abstand r und $\kappa = 1/R^2$ die Flächenkrümmung des Körpers.

Beim Übergang von der Kerr-Metrik in Boyer-Lindquist Koordinaten [3, 4]

$$\begin{aligned} ds^2 &= \left(1-\frac{R_s r}{\rho^2}\right)c^2t^2 + \frac{2R_s r}{\rho^2}a\,\sin^2\theta\,c\,dt\,d\phi - \frac{\rho 2}{\Delta}dr^2 - \rho^2 d\theta^2 - \\ &\quad -\sin^2\theta\left[r^2 + a^2 + \frac{R_s r}{\rho^2}a^2\sin^2\theta\right]d\phi^2 \end{aligned}$$

mit den Bezeichnungen $\rho^2 = r^2 + a^2\cos^2\theta\,,\ \Delta = r^2 - R_s r + a^2$ und dem spezifischen Drehimpuls $a = J/M\,c$ zur linearisierten Kerr-Metrik werden alle nichtlinearisierten Terme vernachlässigt und man bekommt

$$\begin{aligned} ds^2 &= \left(1-\frac{R_s}{r}\right)c^2dt^2 + \frac{2R_s}{r}a\,\sin^2\theta\,c\,dt\,d\phi - \left(1-\frac{R_s}{r}\right)^{-1}dr^2 - \\ &\quad -r^2d\theta^2 - r^2\sin^2\theta\,d\phi^2 \end{aligned} \tag{1.23}$$

Weiters kann der metrische Tensor $g_{\mu\nu}$ aus der Metrik abgelesen werden

$$\begin{aligned}
g_{00} &= g_{tt} = && 1 - \frac{R_s}{r} \\
g_{11} &= g_{rr} = && -\frac{1}{1 - \frac{R_s}{r}} \\
g_{03} &= g_{t\phi} = && \left(\frac{R_s}{r}\right) a \sin^2\theta \\
g_{30} &= g_{\phi t} = && \left(\frac{R_s}{r}\right) a \sin^2\theta \\
g_{22} &= g_{\theta\theta} = && -r^2 \\
g_{33} &= g_{\phi\phi} = && -r^2 \sin^2\theta
\end{aligned}$$

Abschließend kann gesagt werden, daß die linearisierte Kerr-Metrik stationär und axialsymmetrisch ist und das äußere Gravitationsfeld einer langsam rotierenden kugelsymmetrischen Massenverteilung ausreichend gut beschreibt.

1.7 Die allgemeinen Bewegungsgleichungen eines freien Teilchens in der linearisierten Kerr-Metrik

Die Lagrange-Funktion (1.7) der Metrik (1.23) wird allgemein angeschrieben

$$L = g_{tt}\, c^2 \dot{t}^2 + 2\, g_{t\phi}\, c\, \dot{t} \dot{\phi} + g_{rr}\, \dot{r}^2 + g_{\theta\theta}\, \dot{\theta}^2 + g_{\phi\phi}\, \dot{\phi}^2$$

Die Lagrange'schen Bewegungsgleichungen lauten mit den Bezeichnungen für die Ableitungen $\cdot = d/d\tau$, $' = d/dr$ und $* = d/d\theta$

$$\begin{aligned}
\frac{d}{d\tau}\frac{\partial L}{\partial \dot{t}} - \frac{\partial L}{\partial t} &= \frac{d}{d\tau}\left(2\, g_{tt}\, c^2 \dot{t} + 2\, g_{t\phi}\, c\, \dot{\phi}\right) = 0 \\
\frac{d}{d\tau}\frac{\partial L}{\partial \dot{r}} - \frac{\partial L}{\partial r} &= \frac{d}{d\tau}\left(2\, g_{rr}\, \dot{r}\right) - g'_{tt}\, c^2 \dot{t}^2 - 2\, g'_{t\phi}\, c\, \dot{t}\, \dot{\phi} - g'_{rr}\, \dot{r}^2 - g'_{\theta\theta}\, \dot{\theta}^2 - g'_{\phi\phi}\, \dot{\phi}^2 = 0 \\
\frac{d}{d\tau}\frac{\partial L}{\partial \dot{\theta}} - \frac{\partial L}{\partial \theta} &= \frac{d}{d\tau}\left(2\, g_{\theta\theta}\, \dot{\theta}\right) - g^*_{tt}\, c^2 \dot{t}^2 - 2\, g^*_{t\phi}\, c\, \dot{t}\, \dot{\phi} - g^*_{rr}\, \dot{r}^2 - g^*_{\theta\theta}\, \dot{\theta}^2 - g^*_{\phi\phi}\, \dot{\phi}^2 = 0 \\
\frac{d}{d\tau}\frac{\partial L}{\partial \dot{\phi}} - \frac{\partial L}{\partial \phi} &= \frac{d}{d\tau}\left(2\, g_{t\phi}\, c\, \dot{t} + 2\, g_{\phi\phi}\, \dot{\phi}\right) = 0
\end{aligned}$$

Die erste und letzte Gleichung sind Integrale der Bewegung.

Sie lauten

$$2\,g_{tt}\,c^2\dot{t} + 2\,g_{t\phi}\,c\,\dot{\phi} = E$$

$$2\,g_{t\phi}\,c\,\dot{t} + 2\,g_{\phi\phi}\,\dot{\phi} = \Phi$$

E ist die Energie und Φ der azimutale Drehimpuls des Systems.

Da ein freies Teilchen betrachtet wird, entspricht die Lagrange-Funktion der kinetischen Energie des Teilchens, wobei T die kinetische Energie und U die potentielle Energie bezeichnet.
Allgemein gilt

$$L = T - U$$

Da aber ein freies Teilchen keine potentielle Energie besitzt, folgt

$$L = T \tag{1.24}$$

Nun werden die Ableitungen der Koeffizienten des metrischen Tensors berechnet.

Ableitung nach $d/dr = {}'$:

$$\begin{aligned}
g'_{tt} &= \frac{R_s}{r^2} \\
g'_{t\phi} &= -\frac{R_s}{r^2}\,a\,\sin^2\theta = -\frac{g_{t\phi}}{r} \\
g'_{rr} &= \frac{R_s}{r^2\left(1-\frac{R_s}{r}\right)^2} \\
g'_{\theta\theta} &= -2\,r \\
g'_{\phi\phi} &= -2\,r\sin^2\theta
\end{aligned}$$

Ableitung nach $d/d\theta = *$:

$$\begin{aligned}
g^*_{tt} &= 0 \\
g^*_{t\phi} &= 2\left(\frac{R_s}{r}\right)a\,\sin\theta\,\cos\theta \\
g^*_{rr} &= 0 \\
g^*_{\theta\theta} &= 0 \\
g^*_{\phi\phi} &= -2\,r^2\sin\theta\,\cos\theta
\end{aligned}$$

Die allgemeinen Bewegungsgleichungen in der linearisierten Kerr-Metrik sehen explizit folgendermaßen aus

$$\frac{d}{d\tau}\left[2\left(1-\frac{R_s}{r}\right)c^2\,\dot{t}+2\,\frac{R_s}{r}\,a\,\sin^2\theta\,c\,\dot{\phi}\right] = 0 \quad (1.25a)$$

$$-\frac{d}{d\tau}\left[2\,\dot{r}\left(1-\frac{R_s}{r}\right)^{-1}\right]-\frac{R_s}{r^2}\,c^2\,\dot{t}^2-\frac{R_s}{r^2\left(1-\frac{R_s}{r}\right)^2}\,\dot{r}^2+$$

$$+2\,\frac{R_s}{r^2}\,a\,\sin^2\theta\,c\,\dot{t}\dot{\phi}+2\,r\,\dot{\theta}^2+2\,r\,\sin^2\theta\,\dot{\phi}^2 = 0 \quad (1.25b)$$

$$\frac{d}{d\tau}\left[2\,\dot{\theta}\left(-r^2\right)\right]+2\,r^2\,\sin\theta\,\cos\theta\,\dot{\phi}^2-$$

$$-4\left(\frac{R_s}{r}\right)a\,\sin\theta\,\cos\theta\,c\,\dot{t}\dot{\phi} = 0 \quad (1.25c)$$

$$\frac{d}{d\tau}\left(2\,\frac{R_s}{r}\,a\,\sin^2\theta\,c\,\dot{t}-2\,r^2\sin^2\theta\,\dot{\phi}\right) = 0 \quad (1.25d)$$

1.7.1 Äquatoriale Kreisbahnen

Hier sind die beiden Koordinaten r und θ konstant, wobei die Koordinate θ den Wert $\pi/2$ annimmt.

Da es nur 2 Variable gibt, reicht es vollkommen aus, nur zwei Gleichungen zu betrachten. Um eine Lösung für die Geodäte $\phi(\tau)$ zu bekommen, wird die Beziehung zwischen Koordinatenzeit und Eigenzeit (1.1) und die Bewegungsgleichung (1.25b) herangezogen, die die gewünschte physikalische Information liefert.

Eine zweite Möglichkeit wäre, die beiden Integrale der Bewegung zu verwenden, um zum gewünschten Ergebnis zu gelangen. Diese Variante wird im nächsten Abschnitt für die Lösung der Bewegungsgleichungen nichtäquatorialer Kreisbahnen verwendet werden.

Unter Berücksichtigung der Spezialisierung auf eine Äquatorbahn reduziert sich die Gleichung (1.25b) zu

$$-\frac{R_s}{r^2}c^2\dot{t}^2+2\,\frac{R_s}{r^2}a\,c\,\dot{t}\dot{\phi}+2\,r\dot{\phi}^2=0$$

Durch Multiplikation mit $-d\tau^2 r^2/R_s$ bekommt man eine quadratische Gleichung

$$c^2 dt^2 - 2\,a\,c\,dt d\phi - \frac{2\,r^3}{R_s} d\phi^2 = 0$$

Diese quadratische Gleichung hat folgende Lösung

$$\begin{aligned}
c\,dt &= a\,d\phi \pm \sqrt{a^2 d\phi^2 + \frac{2\,r^3}{R_s} d\phi^2} \\
&= a\,d\phi \pm \sqrt{a^2 + \frac{2\,r^3}{R_s}} d\phi \\
&= a\,d\phi \pm \sqrt{a^2 + \frac{c^2}{\Omega_0^2}} d\phi
\end{aligned}$$

Es wird die Keplerperiode $\Omega_o = \sqrt{G\,M/r^3}$ eingeführt und mit der Entwicklung des Wurzelausdrucks nach dem Schema einer Binomialreihe $(1+x)^b \approx 1 + bx$ mit $|x| < 1$, erhält man unter Vernachlässigung aller nichtlinearen Glieder folgenden Ausdruck

$$\begin{aligned}
\frac{c\,dt}{d\phi} \equiv \frac{c}{\Omega} &= a \pm \sqrt{a^2 + \frac{c^2}{\Omega_0^2}} \\
&= a \pm \frac{c}{\Omega_0} \sqrt{1 + \frac{a^2}{c^2}\,\Omega_0^2} \\
&= a \pm \frac{c}{\Omega_0} \left(1 + \frac{1}{2}\frac{a^2}{c^2}\,\Omega_0^2 + \ldots\right) \\
&= a \pm \frac{c}{\Omega_0} + O\left(\frac{a^2}{c^2}\right)
\end{aligned}$$

Mit $O(\ldots)$ werden alle nichtlinearen Terme zusammengefaßt.

Durch Umformungen

$$\begin{aligned}
\Omega \equiv \frac{d\phi}{dt} &= \left[\frac{1}{\Omega_0}\left(\pm 1 + \frac{a}{c}\,\Omega_0\right)\right]^{-1} \\
&= \Omega_0 \left[\pm 1 - \frac{a}{c}\,\Omega_0 + O\left(\frac{a^2}{c^2}\right)\right] \\
&\approx \pm\Omega_0 - \frac{a}{c}\,\Omega_0^2
\end{aligned}$$

erreicht man unter Beachtung der Beziehung

$$\Omega_{LT} = -\frac{G}{c^2 r^3} J$$

folgendes Resultat

$$\Omega = \pm\Omega_0 - \frac{G}{c^2 r^3} J = \pm\Omega_0 + \Omega_{LT} \tag{1.26}$$

Diese Gleichung beschreibt die Bewegung eines Teilchens in einer äquatorialen Kreisbahn, wobei Ω_{LT} die Lense-Thirring Periode bezeichnet, welche neben der Keplerperiode eine zusätzliche Störung ist, die ein Teilchen in einer solchen Umlaufbahn erfährt und dadurch auftritt, da der durch die Eigenrotation der Massenverteilung entstehende Massenstrom einen Dipol-Beitrag zum Gravitationsfeld liefert.

Daher kann man die Beziehung (1.1) für eine kreisförmige Äquatorbahn folgend schreiben ($v^1 = v^2 = 0$, $v^3 = d\phi/dt = \Omega$)

$$d\tau = \sqrt{g_{00} + 2\, g_{03}\, \frac{\Omega}{c} + g_{33}\, \frac{\Omega^2}{c^2}} dt \tag{1.27}$$

Division durch $d\phi$ und quadrieren ergeben mit der Relation

$$\left(\frac{dt}{d\phi}\right)^2 = \frac{1}{\Omega^2}$$

folgendes Ergebnis

$$\left(\frac{d\tau}{d\phi}\right)^2 = \frac{1}{\Omega^2}\, g_{00} + 2\, g_{03}\, \frac{1}{\Omega c} + g_{33}\, \frac{1}{c^2}$$

Es gilt

$$\begin{aligned}
\frac{1}{\Omega^2} &= \left(\frac{a}{c} \pm \frac{1}{\Omega_0}\right)^2 = \frac{1}{\Omega_0^2}\left(\frac{a}{c}\,\Omega_0 \pm 1\right)^2 \\
&= \frac{1}{\Omega_0^2}\left(\frac{a^2}{c^2}\,\Omega_0^2 \pm 2\,\frac{a}{c}\,\Omega_0 + 1\right) \\
&= \frac{1}{\Omega_0^2}\left[1 \pm 2\,\frac{a}{c}\,\Omega_0 + O\left(\frac{a^2}{c^2}\right)\right] \\
&\approx \frac{1}{\Omega_0^2}\left(1 \pm 2\,\frac{a}{c}\,\Omega_0\right)
\end{aligned}$$

Durch Einsetzen der metrischen Koeffizienten findet man

$$\begin{aligned}
\left(\frac{d\tau}{d\phi}\right)^2 &\approx \frac{1}{\Omega_0^2}\left(1 \pm \frac{2\,a}{c}\,\Omega_0\right)\left(1-\frac{R_s}{r}\right)+2\,\frac{R_s}{r}\,\frac{a}{c}\left(\frac{a}{c}\pm\frac{1}{\Omega_0}\right)-\frac{r^2}{c^2} \\
&= \frac{1}{\Omega_0^2}\left(1-\frac{R_s}{r}\pm\frac{2\,a}{c}\Omega_0 \mp 2\,\frac{R_s}{r}\,\frac{a}{c}\,\Omega_0\right)\pm 2\,\frac{R_s}{r\,\Omega_0}\,\frac{a}{c}-\frac{r^2}{c^2}+O\left(\frac{a^2}{c^2}\right) \\
&\approx \frac{1}{\Omega_0^2}\left(1-\frac{R_s}{r}\pm\frac{2\,a}{c}\Omega_0-\frac{r^2}{c^2}\Omega_0^2\right)
\end{aligned}$$

Mit

$$\Omega_0^2 = \frac{G\,M}{r^3} = \frac{R_s\,c^2}{2\,r^3}$$

folgt nun die wichtige Beziehung

$$\frac{d\tau}{d\phi} = \pm\frac{1}{\Omega_0}\sqrt{1-\frac{3\,R_s}{2\,r}\pm\frac{2\,a}{c}\,\Omega_0} \tag{1.28}$$

Die invertierte Form dieser Gleichung beschreibt die azimutale Bewegung eines Teilchens bezüglich eines festen Winkelintervalles.

Eigenzeitdifferenz nach einem festen Koordinatenzeitintervall

Man betrachte eine Uhr mit der Winkelgeschwindigkeit $\Omega = d\phi/d\tau$, die sich entlang einer äquatorialen Kreisbahn bewegt.

Es wird Gleichung (1.27) verwendet und der Wurzelausdruck in eine Binomialreihe entwickelt, wobei alle nichtlinearen Terme vernachlässigt werden,

$$\begin{aligned}
d\tau &= \sqrt{g_{00}+2\,g_{03}\,\frac{\Omega}{c}+g_{33}\,\frac{\Omega^2}{c^2}}\,dt \\
&= \left[1\underbrace{-\frac{R_s}{r}+g_{33}\,\frac{\Omega^2}{c^2}+2\,g_{03}\,\frac{\Omega}{c}}_{x}\right]^{1/2} dt \\
&= \left[1-\frac{R_s}{2\,r}+g_{33}\,\frac{\Omega^2}{2\,c^2}+g_{03}\,\frac{\Omega}{c}+O(x^2)\right] dt
\end{aligned}$$

Als fixes Koordinatenzeitintervall wird die Keplerperiode $T_0 = 2\pi/\Omega_0$ verwendet. Weiters bekommt man aus der Gleichung (1.26) für eine prograde Umlaufbahn

$$\Omega_+ = \Omega_0 + \Omega_{LT}$$

und für eine retrograde Umlaufbahn

$$\Omega_- = -\Omega_0 + \Omega_{LT}$$

Nun wird die Integration über die Keplerperiode ausgeführt

$$\tau \approx \left[1 - \frac{R_s}{2\,r} + g_{33}\frac{\Omega^2}{2\,c^2} + g_{03}\frac{\Omega}{c}\right] \int_0^{T_0} dt$$

Die Lösung lautet

$$\tau \approx \left[1 - \frac{R_s}{2\,r} + g_{33}\frac{\Omega^2}{2\,c^2} + g_{03}\frac{\Omega}{c}\right] \frac{2\pi}{\Omega_0} \tag{1.29}$$

Für pro- und retrograde Umlaufszeiten erhält man

$$\tau_+ \simeq \left[1 - \frac{R_s}{2\,r} + g_{33}\frac{\Omega_+^2}{2\,c^2} + g_{03}\frac{\Omega_+}{c}\right] \frac{2\pi}{\Omega_0}$$

$$\tau_- \simeq \left[1 - \frac{R_s}{2\,r} + g_{33}\frac{\Omega_-^2}{2\,c^2} + g_{03}\frac{\Omega_-}{c}\right] \frac{2\pi}{\Omega_0}$$

Als nächster Schritt wird die Differenz beider Umlaufszeiten gebildet

$$\begin{aligned}
\tau_+ - \tau_- &= \left[g_{33}\frac{\Omega_+^2}{2\,c^2} + g_{03}\frac{\Omega_+}{c} - g_{33}\frac{\Omega_-^2}{2\,c^2} - g_{03}\frac{\Omega_-}{c}\right] \frac{2\pi}{\Omega_0} \\
&= \left[\frac{g_{33}}{2\,c^2}\left(\Omega_+^2 - \Omega_-^2\right) + \frac{g_{03}}{c}\left(\Omega_+ - \Omega_-\right)\right] \frac{2\pi}{\Omega_0} \\
&= \left(\Omega_+ - \Omega_-\right) \frac{2\pi}{\Omega_0} \left[\frac{g_{33}}{2\,c^2}\left(\Omega_+ + \Omega_-\right) + \frac{g_{03}}{c}\right]
\end{aligned}$$

Da $\Omega_+ + \Omega_- = 2\,\Omega_{LT}$ und $\Omega_+ - \Omega_- = 2\,\Omega_0$, findet man folgendes Ergebnis

$$\begin{aligned}
\tau_+ - \tau_- &= \frac{4\pi}{c}\left[\frac{g_{33}}{c}\,\Omega_{LT} + g_{03}\right] \\
&= \frac{4\pi}{c}\left[-\frac{r^2}{c}\,\Omega_{LT} + \frac{R_s}{r}\,a\right] \\
&= \frac{4\pi}{c}\left[-\frac{r^2}{c}\left(-\frac{G}{c^2 r^3}\,J\right) + \frac{2\,G\,M}{c^2 r}\,\frac{J}{M\,c}\right]
\end{aligned}$$

Die Eigenzeitdifferenz für ein fixes Koordinatenzeitintervall lautet

$$\Delta\tau = \tau_+ - \tau_- = 12\pi \frac{G\,J}{c^4 r} \tag{1.30}$$

Die Zeitdifferenz hängt von den Größen Eigendrehimpuls J der Zentralmasse, Gravitationskonstante G und den Radius r der Umlaufbahn des Teilchens ab.

Setzt man im Falle der Erde für den Eigendrehimpuls $J = 10^{34}\,kg\,m^2/s$ und für den Radius $r = 7000\,km$, so erhält man

$$\Delta\tau \approx 3 \cdot 10^{-16} s$$

Dieser Zeiteffekt ist so minimal, daß er mit der heutigen Technologie nicht zu messen ist.

Die Eigenzeitdifferenz für einen festen Winkel

Man betrachte wieder eine Uhr entlang einer äquatorialen Kreisbahn mit der Winkelgeschwindigkeit $d\phi/d\tau = \Omega$.

Nun wird aber die Gleichung (1.28) über ein fixes Winkelintervall $[0, \pm 2\pi]$ integriert

$$\int_0^\tau d\tau = \frac{1}{\Omega_0} \sqrt{1 - \frac{3\,R_s}{2\,r} \pm 2\,\frac{a}{c}\,\Omega_0} \int_0^{2\pi} d\phi$$

und liefert folgendes Resultat

$$\tau = \frac{2\pi}{\Omega_0} \sqrt{1 - \frac{3\,R_s}{2\,r} \pm \frac{2\,a}{c}\,\Omega_0} \tag{1.31}$$

Für die prograde Umlaufszeit wird $+a/c$ verwendet und es ergibt sich somit

$$\tau_+ = \frac{2\pi}{\Omega_0} \sqrt{1 - \frac{3\,R_s}{2\,r} + \frac{2\,a}{c}\,\Omega_0}$$

Entwicklung des Wurzelausdruckes nach $(1+x)^{1/2} \approx 1 + \frac{1}{2}x$ für $|x| < 1$ liefert

$$\begin{aligned} \tau_+ &= \frac{2\pi}{\Omega_0}\left[1 - \frac{3\,R_s}{4\,r} + \frac{a}{c}\,\Omega_0 + O\left(x^2\right)\right] \\ &\approx \frac{2\pi}{\Omega_0}\left[1 - \frac{3\,R_s}{4\,r} + \frac{a}{c}\,\Omega_0\right] \end{aligned}$$

Aus der Gleichung (1.31) folgt für die retrograde Umlaufszeit

$$\tau_- = -\frac{2\pi}{\Omega_0}\sqrt{1 - \frac{3\,R_s}{2\,r} - \frac{2\,a}{c}\,\Omega_0}$$

Entwickelt man den Wurzelausdruck nach obigem Schema, findet man

$$\tau_- \approx \frac{2\pi}{\Omega_0}\left[1 - \frac{3R_s}{4r} - \frac{a}{c}\,\Omega_0\right]$$

und Bildung der Differenz führt zu folgender Relation

$$\Delta\tau = \tau_+ - \tau_- \approx 4\pi\,\frac{a}{c}$$

Da der spezifische Drehimpuls $a = J/M\,c$ ist, erhält man als Zeitdifferenz für ein fixes Winkelintervall

$$\Delta\tau = \tau_+ - \tau_- \approx 4\pi\,\frac{J}{M\,c^2} \tag{1.32}$$

Aus dieser Beziehung sieht man, daß hier die Zeitdifferenz von den Größen Gravitationskonstante G und Radius r der Kreisbahn unabhängig ist.

Durch Einsetzen der Erdmasse $M = 6 \cdot 10^{24}\,kg$ liegt folgendes Ergebnis vor

$$\Delta\tau \approx 2 \cdot 10^{-7} s$$

Dieser Zeiteffekt ist überraschend groß, weil man bisher nur Untersuchungen bezüglich eines festen Koordinatenzeitintervalles anstelle eines fest definierten Winkels durchgeführt hat.

Diese Zeitdifferenz eines festen Winkelintervalles ist immerhin um 9 Zehnerpotenzen größer als jene Zeitdifferenz, die für ein festes Koordinatenzeitintervall erhalten wird, und müßte mit der heutigen Technologie prinzipiell meßbar sein.

Dieser überraschende Zeiteffekt läßt sich folgendermaßen veranschaulichen:

Würde man diese beiden Teilchen auf zwei parallelen Geraden in gleicher Richtung laufend betrachten, so müßte für die Eigenzeitdifferenz folgender Ansatz gemacht werden, wobei s die Weglänge bezeichnet,

$$\tau_+ - \tau_- = \frac{s}{|v_+|} - \frac{s}{|v_-|} = 2\,\pi\,r\left(\frac{1}{|v_+|} - \frac{1}{|v_-|}\right) = 2\,\pi\,r\,\frac{|v_-| - |v_+|}{|v_+||v_-|}$$

Durch passende Umformungen erzielt man die gewünschte Zeitdifferenz

$$\tau_+ - \tau_- = -\frac{4\,\pi\,\Omega_{LT}}{\Omega_0^2 - \underbrace{\Omega_{LT}^2}_{O(a^2/c^2)}} = 4\pi\,\frac{J}{M\,c^2}$$

1.7.2 Nichtäquatoriale Kreisbahnen

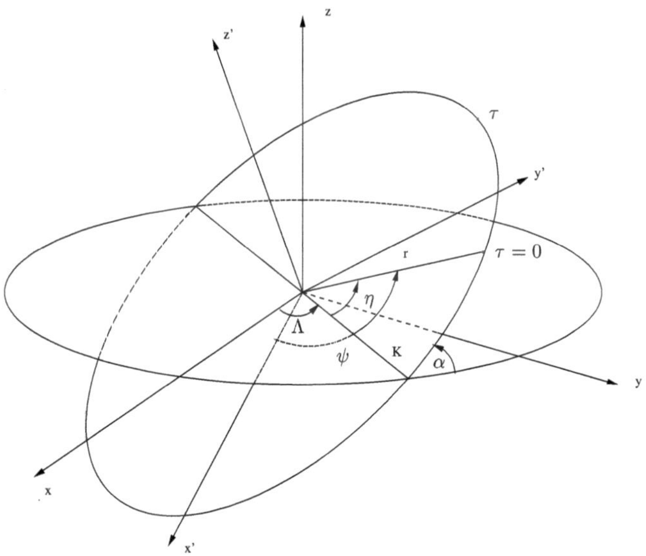

Abbildung 1.1: Nichtäquatoriale Kreisbahn

K ... Knotenlinie
η ... Abstand von der Knotenlinie
α ... Inklination
Λ ... Knotenlänge
ψ ... Argument der Breite (in der Bahnebene gemessen)

Die Transformation von Kugelkoordinaten r, θ, ϕ in kartesische Koordinaten x, y, z bzw. umgekehrt lautet

$$\begin{aligned} x &= r\,\sin\theta\,\cos\phi \\ y &= r\,\sin\theta\,\sin\phi \\ z &= r\,\cos\theta \end{aligned} \tag{1.33}$$

Betrachtet man Abbildung 1.1, dann sieht man, daß durch Drehung der z-Achse um den Winkel Λ, dann der y-Achse um den Winkel α und schließlich wieder der z-Achse um den Winkel η die resultierende Drehmatrix R wie folgt geschrieben werden kann

$$R = \begin{pmatrix} \cos\eta & \sin\eta & 0 \\ -\sin\eta & \cos\eta & 0 \\ 0 & 0 & 1 \end{pmatrix} \begin{pmatrix} \cos\alpha & 0 & -\sin\alpha \\ 0 & 1 & 0 \\ \sin\alpha & 0 & \cos\alpha \end{pmatrix} \begin{pmatrix} \cos\Lambda & \sin\Lambda & 0 \\ -\sin\Lambda & \cos\Lambda & 0 \\ 0 & 0 & 1 \end{pmatrix}$$

Multiplikation der ersten beiden Matrizen liefert

$$R = \begin{pmatrix} \cos\eta\,\cos\alpha & \sin\eta & -\cos\eta\,\sin\alpha \\ -\sin\eta\,\cos\alpha & \cos\eta & \sin\eta\,\sin\alpha \\ \sin\alpha & 0 & \cos\alpha \end{pmatrix} \begin{pmatrix} \cos\Lambda & \sin\Lambda & 0 \\ -\sin\Lambda & \cos\Lambda & 0 \\ 0 & 0 & 1 \end{pmatrix}$$

Durch weitere Multiplikation bekommt man die resultierende Drehmatrix R

$$R = \begin{pmatrix} \cos\eta\,\cos\Lambda\,\cos\alpha - \sin\eta\,\sin\Lambda & \cos\eta\,\sin\Lambda\,\cos\alpha + \sin\eta\,\cos\Lambda & -\cos\eta\,\sin\alpha \\ -\sin\eta\,\cos\Lambda\,\cos\alpha - \cos\eta\,\sin\Lambda & -\sin\eta\,\sin\Lambda\,\cos\alpha + \cos\eta\,\cos\Lambda & \sin\alpha\,\sin\eta \\ \sin\alpha\,\cos\Lambda & \sin\alpha\,\sin\Lambda & \cos\alpha \end{pmatrix}$$

Da Drehmatrizen die Eigenschaft besitzen, daß die invertierte gleich der transponierten Matrix ist, d. h. Drehmatrizen sind orthogonal, folgt weiters

$$R^{-1} = \begin{pmatrix} \cos\eta\,\cos\Lambda\,\cos\alpha - \sin\eta\,\sin\Lambda & -\sin\eta\,\cos\Lambda\,\cos\alpha - \cos\eta\,\sin\Lambda & \sin\alpha\,\cos\Lambda \\ \cos\eta\,\sin\Lambda\,\cos\alpha + \sin\eta\,\cos\Lambda & -\sin\eta\,\sin\Lambda\,\cos\alpha + \cos\eta\,\cos\Lambda & \sin\alpha\,\sin\Lambda \\ -\cos\eta\,\sin\alpha & \sin\alpha\,\sin\eta & \cos\alpha \end{pmatrix}$$

Die Beziehung zwischen den kartesischen Koordinaten und den Größen r, ψ, Λ und α muß nach dem allgemeinen Koordinatentransformationsgesetz folgende Form annehmen

$$\begin{pmatrix} x \\ y \\ z \end{pmatrix} = R^{-1} \begin{pmatrix} x' \\ y' \\ z' \end{pmatrix} \tag{1.34}$$

Wenn die x-Achse in der Äquatorebene liegt, führt man unter der Annahme, daß die nun betrachtete Bahnebene konstant ist, für die gestrichenen Koordinaten ebene Polarkoordinaten ein, wobei ψ den Winkel zwischen x'-Achse und Ortsvektor des Teilchen bezeichnet und $\psi(\tau = 0) = \eta_o + \pi/2$,

$$\begin{aligned} x' &= r\,\cos\psi \\ y' &= r\,\sin\psi \\ z' &= 0 \end{aligned} \tag{1.35}$$

Daher muß sich für die Beziehung zwischen den kartesischen Koordinaten und den Größen r, ψ, Λ und α unter der Annahme, daß nur um die y-Achse gedreht wird, d. h. die Knotenlänge Λ und der Winkel η sind gleich null, mit der Gleichung (1.35) folgendes Gleichungssystem ergeben

$$\begin{aligned} x &= r \cos\psi \cos\alpha \\ y &= r \sin\psi \\ z &= -r \cos\psi \sin\alpha \end{aligned} \tag{1.36}$$

Anhand der Gleichung (1.33) wird die Gleichung (1.36) in Kugelkoordinaten ausgedrückt und hat die Form

$$\begin{aligned} r \sin\theta \cos\phi &= r \cos\psi \cos\alpha \\ r \sin\theta \sin\phi &= r \sin\psi \\ r \cos\theta &= -r \cos\psi \sin\alpha \end{aligned}$$

Durch Kürzen von r und weiteren Umformungen bekommt man für den Koordinatenübergang $(\phi, \theta) \to (\psi, \alpha)$ folgende Transformationsgleichungen

$$\cos\theta = -\cos\psi \sin\alpha \tag{1.37a}$$

$$\sin^2\theta = \sin^2\psi + \cos^2\psi \cos^2\alpha \tag{1.37b}$$

$$\tan\phi = \frac{\tan\psi}{\cos\alpha} \tag{1.37c}$$

Durch Differenzieren der Gleichungen (1.37a) und (1.37c) ergeben sich für $\dot{\phi}$ und $\dot{\theta}$ mit $\dot{\alpha} = 0$ folgende Relationen

$$\dot{\theta} = -\frac{1}{\sin\theta} \sin\psi \sin\alpha \, \dot{\psi} \tag{1.38a}$$

$$\dot{\phi} = \frac{\cos^2\phi}{\cos\alpha \cos^2\psi} \dot{\psi} \tag{1.38b}$$

Weiters wird eine Beziehung zwischen der Koordinate θ und der Koordinate ϕ anhand der obigen Transformationsgleichungen gesucht. Es läßt sich folgende Beziehung herleiten

$$\tan\theta = -\frac{\cot\alpha}{\cos\phi} \tag{1.39}$$

Aus dieser Gleichung bekommt man mit der Substitution
$\sin^2 x = 1 - \cos^2 x$ folgende Relation

$$\cos^2\theta = \frac{\cos^2\phi}{\cos^2\phi + \cot^2\alpha}$$

und durch Umformung der Gleichung (1.39) erhält man die wichtige Beziehung

$$\begin{aligned}\sin^2\theta &= \frac{\cot^2\alpha}{\cos^2\phi}\cos^2\theta \\ &= \frac{\cot^2\alpha}{\cos^2\phi + \cot^2\alpha}\end{aligned}$$

Durch Differenzieren ergibt sich

$$\dot{\theta} = -\frac{\cot\alpha\,\sin\phi}{\cos^2\phi + \cot^2\alpha}\,\dot{\phi}$$

Zusammenfassend lauten die Transformationsgleichungen für den Koordinatenübergang $\theta \to \phi$

$$\tan\theta = -\frac{\cot\alpha}{\cos\phi} \tag{1.40a}$$

$$\dot{\theta} = -\frac{\cot\alpha\,\sin\phi}{\cos^2\phi + \cot^2\alpha}\,\dot{\phi} \tag{1.40b}$$

$$\cos^2\theta = \frac{\cos^2\phi}{\cos^2\phi + \cot^2\alpha} \tag{1.40c}$$

$$\sin^2\theta = \frac{\cot^2\alpha}{\cos^2\phi + \cot^2\alpha} \tag{1.40d}$$

Es gibt zwei Möglichkeiten, um $\dot{\phi}$ zu berechnen:

- Entweder über die allgemeine Beziehung zwischen der Koordinatenzeit und der Eigenzeit (1.1) und einer geeigneten Lagrange'schen Bewegungsgleichung (1.25)
- oder den beiden Integralen der Bewegung

Die beiden Integrale der Bewegung, wenn durch 2 gekürzt und bei der Gleichung (1.25d) das Vorzeichen gewechselt wird, lauten

$$g_{tt}\, c^2\, \dot{t} + g_{t\phi}\, c\, \dot{\phi} = E \tag{1.41a}$$
$$-g_{t\phi}\, c\, \dot{t} - g_{\phi\phi}\, \dot{\phi} = \Phi \tag{1.41b}$$

und sie werden im weiteren Verlauf herangezogen, um zu der gewünschten Bewegungsgleichung $\dot{\phi}$, die zur Berechnung der Umlaufszeitdifferenz beider Uhren für einen fixen Winkel gebraucht wird, zu gelangen.

Wenn man die Werte der metrischen Koeffizienten in Gleichung (1.41b) einsetzt, bekommt man

$$-\frac{R_s}{r}\, a\, c \sin^2\theta\, \dot{t} + r^2 \sin^2\theta\, \dot{\phi} = \Phi$$

und durch Umformung erhält man

$$\dot{\phi} = \frac{R_s}{r}\, \frac{a\, c}{r^2}\, \dot{t} + \frac{\Phi}{r^2 \sin^2\theta} \tag{1.42}$$

Der unbekannte Ausdruck $\dot{t}$ in dieser Gleichung kann für allgemeine Kreisbahnen entweder aus Gleichung (1.1)

$$d\tau = \sqrt{g_{00} + g_{22} \left(\frac{d\theta}{c\, dt}\right)^2 + 2\, g_{03}\, \frac{\Omega}{c} + g_{33}\, \frac{\Omega^2}{c^2}}\; dt$$

mit den Relationen

$$v^1 = 0$$

$$v^2 = d\theta/dt$$

$$v^3 = d\phi/dt = \Omega$$

oder aus Gleichung (1.41a), indem man Gleichung (1.42) einsetzt,

$$g_{tt}\, c^2\, \dot{t} + g_{t\phi}\, c \left[\frac{R_s}{r}\, \frac{a\, c}{r^2}\, \dot{t} + \frac{\Phi}{r^2 \sin^2\theta}\right] = E$$

hergeleitet werden.

Es wird die letztere Variante vorgezogen und somit folgt

$$\left(1-\frac{R_s}{r}\right)c^2\,\dot{t}+\frac{R_s}{r}\,a^2c^2\sin^2\theta\,\frac{R_s}{r^3}\,\dot{t}+a\,c\,\frac{R_s\,\Phi}{r^3}=E$$

Formt man im 2. Term der obigen Gleichung R_s^2 anhand der Gleichung (1.9) um, kann man schreiben

$$\dot{t}\,[c^2-c^2\frac{R_s}{r}+\underbrace{\frac{4\,r^2\Omega_0^4\sin^2\theta\,a^2}{c^2}}_{O(a^2/c^2)}]=E-\frac{R_s\,a\,c\,\Phi}{r^3}$$

Da dieser nichtlineare Term verschwindend klein ist, kann man ihn vernachlässigen und es folgt weiter

$$\begin{aligned}\dot{t}&=\frac{E-R_s\,a\,c\,\Phi/r^3}{c^2-c^2R_s/r}\\&=\frac{(E\,r^3-R_s\,a\,c\,\Phi)\,r}{(c^2r-R_s\,c^2)\,r^3}\\&=\frac{E\,r^3-R_s\,a\,c\,\Phi}{c^2r^3-R_s\,c^2r^2}\end{aligned}$$

Man bekommt schließlich als Ergebnis

$$\dot{t}=\frac{E\,r^3-R_s\,a\,c\,\Phi}{c^2r^2\,(r-R_s)}\tag{1.43}$$

Einsetzen dieser Gleichung in den Ausdruck (1.42) liefert

$$\dot{\phi}=\frac{R_s}{r}\,\frac{a\,c}{r^2}\left[\frac{E\,r^3-R_s\,a\,c\,\Phi}{c^2r^2\,(r-R_s)}\right]+\frac{\Phi}{r^2\sin^2\theta}$$

Durch weiteres Umformen unter Beachtung der Relation (1.9) erhält man

$$\dot{\phi}=\frac{E\,R_s\,a}{r^2c\,(r-R_s)}-\underbrace{\frac{2\,R_s\,\Omega_0^2\,a^2\,\Phi}{r^2c^2\,(r-R_s)}}_{O(a^2/c^2)}+\frac{\Phi}{r^2\sin^2\theta}$$

und schlußendlich gelangt man zu folgendem Resultat

$$\dot{\phi} = \frac{a}{c} \frac{R_s E}{r^3 \left(1 - \frac{R_s}{r}\right)} + \frac{\Phi}{r^2 \sin^2 \theta} \tag{1.44}$$

Diese Gleichung beschreibt die allgemeine azimutale Bewegung eines freien Teilchens in einer zum Äquator geneigten Kreisbahn für ein beliebiges Winkelintervall.

Um für geneigte Kreisbahnen die Eigenzeitdifferenz bezüglich eines festen Winkels zu bekommen, muß diese Gleichung integriert und nach der Koordinate ϕ aufgelöst werden. Weil aber der Ausdruck $\sin^2\theta$ ebenfalls von der Eigenzeit τ abhängt, wird diese Variable anhand einer geeigneten Transformation durch die Variable ϕ ersetzt, damit die Integration problemlos durchführbar wird.

Da die Bahnebene in der Kerr-Metrik nicht konstant bleibt, kann die Kerrgeodäte $\phi(\tau)$ und somit die Eigenzeitdifferenz bezüglich eines festen Winkels nur über einen störungstheoretischen Ansatz berechnet werden.

1.8 Störungstheoretische Lösungen der Geodätengleichungen in der linearisierten Kerr-Metrik

Betrachtet man als Quelle des äußeren Feldes einen langsam rotierenden Himmelskörper (z. B. die Erde), so weicht das Gravitationsfeld im allgemeinen nur geringfügig von der Kugelsymmetrie ab. Diese Abweichungen werden im wesentlichen durch den Eigendrehimpuls J und das Quadrupolmoment Q der Quelle beschrieben, wobei im weiteren Verlauf nur die Auswirkungen des Eigendrehimpulses erläutert werden.

Zur Beschreibung des äußeren Gravitationsfeldes führt man zunächst formal eine zwei-parametrige Metrik $g = g_{m,J}$ ein und linearisiert diese im Eigendrehimpuls J

$$g = g_{ss} + J\delta g^J$$

Hier bezeichnet m die Masse der Quelle und g_{ss} die Schwarzschild-Metrik. Die Größe δg^J ist folgend definiert

$$\delta g^J = \frac{\partial g}{\partial J}|_{J=0}$$

Stellvertretend für den Parameter J wird zur Vereinfachung der Störparameter ϵ verwendet, und für das äußere Gravitationsfeld erhält man folgenden Ansatz

$$g = g_{ss} + \epsilon\,\delta g$$

Zunächst sucht man Lösungen der Geodätengleichung für den Fall $\epsilon = 0$, d. h. die Geodäten $x_{ss}(\tau)$ für die Schwarzschild-Metrik, die schon im vorhergehenden Abschnitt explizit dargestellt worden sind.

Für die Geodäte $x(\tau)$ der linearisierten Kerr-Metrik macht man den Ansatz

$$x = x_{ss} + \epsilon\, F \tag{1.45}$$

und bestimmt die Bahnstörung $F = F(\tau)$ mit Hilfe der Lösung x_{ss} von (1.21) aus der folgenden Geodätengleichung

$$\frac{D}{D\tau}\frac{dx}{d\tau} \equiv \frac{D}{D\tau}\frac{dx_{ss}}{d\tau} + \epsilon\,\frac{\tilde{D}}{D\tau}\dot{F} = 0 \tag{1.46}$$

Die beiden Ausdrücke $D/D\tau$ bzw. $\tilde{D}/D\tau$ bezeichnen die kovariante Ableitung unter Verwendung der Christoffelsymbole der linearisierten Kerr-Metrik bzw. der Schwarzschild-Metrik.

Berechnung der Christoffelsymbole

Schwarzschild-Metrik:

Die Christoffelsymbole werden nach folgender Formel

$$\Gamma^k_{ij} = \frac{g^{kp}}{2}(g_{ip,j} + g_{jp,i} - g_{ij,p})$$

mit der Schreibweise

$$g_{ip,j} = \partial g_{ip}/\partial xj$$

berechnet.

Von den insgesamt 64 möglichen Christoffelsymbolen verschwinden 13 von ihnen nicht.

Sie lauten

$$
\begin{aligned}
\Gamma^t_{rt} &= \Gamma^t_{tr} = \frac{R_s}{2\,r^2\left(1-\frac{R_s}{r}\right)} \\
\Gamma^r_{tt} &= \frac{R_s\left(1-\frac{R_s}{r}\right)}{2\,r^2} \\
\Gamma^r_{rr} &= -\frac{R_s}{2\,r^2\left(1-\frac{R_s}{r}\right)} \\
\Gamma^r_{\theta\theta} &= -r\left(1-\frac{R_s}{r}\right) \\
\Gamma^r_{\phi\phi} &= -r\sin^2\theta\left(1-\frac{R_s}{r}\right) \\
\Gamma^\theta_{r\theta} &= \Gamma^\theta_{\theta r} = \frac{1}{r} \\
\Gamma^\theta_{\phi\phi} &= -\cos\theta\,\sin\theta \\
\Gamma^\phi_{r\phi} &= \Gamma^\phi_{\phi r} = \frac{1}{r} \\
\Gamma^\phi_{\theta\phi} &= \Gamma^\phi_{\phi\theta} = \cot\theta
\end{aligned}
$$

Linearisierte Kerr-Metrik:

Die Christoffelsymbole folgen aus den Bewegungsgleichungen der linearisierten Kerr-Metrik (1.25), indem man sie in die Form der Geodätengleichung

$$\frac{d^2x^k}{ds^2} + \Gamma^k_{\mu\nu}\frac{x^\mu}{ds}\frac{x^\nu}{ds} = 0 \tag{1.47}$$

bringt und jede einzelne Bewegungsgleichung mit ihr vergleicht.

Durch einmaliges Differenzieren der Gleichung (1.25d) bekommt man

$$
\begin{aligned}
\ddot{\phi} + 2\cot\theta\,\dot{\theta}\dot{\phi} + \frac{2}{r}\,\dot{r}\dot{\phi} - \\
-2\,\frac{R_s a}{r^3}\cot\theta\,\dot{\theta}c\dot{t} - \frac{R_s a}{r^3}\,c\ddot{t} + \frac{R_s a}{r^4}\,\dot{r}c\dot{t} &= 0 \qquad (1.48\text{a}) \\
c\ddot{t} + 2\cot\theta\,\dot{\theta}\,c\dot{t} - \frac{1}{r}\,\dot{r}c\dot{t} - 2\,\frac{r^2}{R_s a}\,\dot{r}\dot{\phi} - \\
-2\,\frac{r^3}{R_s a}\cot\theta\,\dot{\theta}\dot{\phi} - \frac{r^3}{R_s a}\,\ddot{\phi} &= 0 \qquad (1.48\text{b})
\end{aligned}
$$

Das gleiche Schema wendet man auf Gleichung (1.25a) an und erhält folgende Ausdrücke

$$\begin{aligned} \ddot{\phi} & +2\cot\theta\,\dot{\theta}\dot{\phi} + \frac{1}{r\,a\sin^2\theta}\,\dot{r}c\dot{t} - \\ & -\frac{1}{r}\,\dot{r}\dot{\phi} + \left(1-\frac{R_s}{r}\right)\frac{r}{R_s a\sin^2\theta}\,c\ddot{t} = 0 \end{aligned} \tag{1.49a}$$

$$\begin{aligned} c\ddot{t} & + \frac{R_s}{r^2\left(1-\frac{R_s}{r}\right)}\dot{r}c\dot{t} - \frac{R_s a\sin^2\theta}{r^2\left(1-\frac{R_s}{r}\right)}\,\dot{r}\dot{\phi} + \\ & +2\,\frac{R_s a\sin\theta\cos\theta}{r\left(1-\frac{R_s}{r}\right)}\,\dot{\theta}\dot{\phi} + \frac{R_s a\sin^2\theta}{r\left(1-\frac{R_s}{r}\right)}\,\ddot{\phi} = 0 \end{aligned} \tag{1.49b}$$

Durch Einsetzen der Gleichung (1.48a) in die Gleichung (1.49b) ergibt sich folgender Ausdruck

$$\begin{aligned} c\ddot{t} & + \frac{R_s}{r^2\left(1-\frac{R_s}{r}\right)}\dot{r}c\dot{t} - \frac{R_s a\sin^2\theta}{r^2\left(1-\frac{R_s}{r}\right)}\,\dot{r}\dot{\phi} + \\ & +2\,\frac{R_s a\sin\theta\cos\theta}{r\left(1-\frac{R_s}{r}\right)}\,\dot{\theta}\dot{\phi} + 2\,\frac{R_s^2 a^2\sin^2\theta}{r^4\left(1-\frac{R_s}{r}\right)}\,\cot\theta\,\dot{\theta}c\dot{t} + \\ & + \frac{R_s^2 a^2\sin^2\theta}{r^4\left(1-\frac{R_s}{r}\right)}\,c\ddot{t} - \frac{R_s^2 a^2\sin^2\theta}{r^5\left(1-\frac{R_s}{r}\right)}\,\dot{r}c\dot{t} - \\ & -2\,\frac{R_s a\sin^2\theta}{r^2\left(1-\frac{R_s}{r}\right)}\,\dot{r}\dot{\phi} - 2\,\frac{R_s a\sin\theta\cos\theta}{r\left(1-\frac{R_s}{r}\right)}\,\dot{\theta}\dot{\phi} = 0 \end{aligned}$$

Berücksichtigt man nur die linearen Glieder im spezifischem Drehimpuls a, vereinfacht sich der Ausdruck zu

$$c\ddot{t} + \frac{R_s}{r^2\left(1-\frac{R_s}{r}\right)}\dot{r}c\dot{t} - 3\,\frac{R_s a\sin^2\theta}{r^2\left(1-\frac{R_s}{r}\right)}\,\dot{r}\dot{\phi} = 0 \tag{1.50}$$

Aus Gleichung (1.50) kann man folgende Christoffelsymbole ablesen

$$\begin{aligned} \Gamma^t_{tr} & = \Gamma^t_{rt} = \frac{1}{2}\,\frac{R_s}{r^2\left(1-\frac{R_s}{r}\right)} \\ \Gamma^t_{r\phi} & = \Gamma^t_{\phi r} = -\frac{3}{2}\,\frac{R_s a\sin^2\theta}{r^2\left(1-\frac{R_s}{r}\right)} \end{aligned}$$

Schließlich setzt man Gleichung (1.48b) in (1.49a) ein und bekommt

$$\begin{aligned}
\ddot{\phi} \quad & +2\cot\theta\,\dot{\theta}\dot{\phi} + \frac{1}{r\,a\sin^2\theta}\,\dot{r}c\dot{t} + \\
& + \frac{r^4\left(1-\frac{R_s}{r}\right)}{R_s^2 a^2 \sin^2\theta}\,\ddot{\phi} + \frac{2\,r^4\cos\theta\left(1-\frac{R_s}{r}\right)}{R_s^2 a^2\sin^3\theta}\,\dot{\theta}\dot{\phi} + \\
& + \frac{2\,r^3\left(1-\frac{R_s}{r}\right)}{R_s^2 a^2\sin^2\theta}\,\dot{r}\dot{\phi} + \frac{\left(1-\frac{R_s}{r}\right)}{R_s a\sin^2\theta}\,\dot{r}c\dot{t} - \\
& - \frac{2\,r\,\cos\theta\left(1-\frac{R_s}{r}\right)}{R_s a\sin^3\theta}\,\dot{\theta}c\dot{t} - \frac{1}{r}\,\dot{r}\dot{\phi} = 0
\end{aligned}$$

Durch Linearisierung im Drehimpuls a erhält man folgende Gleichung

$$\ddot{\phi} + 2\cot\theta\,\dot{\theta}\dot{\phi} + \frac{2}{r}\,\dot{r}\dot{\phi} + \frac{R_s a}{r^4\left(1-\frac{R_s}{r}\right)}\,\dot{r}c\dot{t} - \frac{2R_s a\,\cos\theta}{r^3\sin\theta}\,\dot{\theta}c\dot{t} = 0 \qquad (1.51)$$

Die Christoffelsymbole lauten

$$\begin{aligned}
\Gamma^{\phi}_{\theta\phi} &= \Gamma^{\phi}_{\phi\theta} = \cot\theta \\
\Gamma^{\phi}_{r\phi} &= \Gamma^{\phi}_{\phi r} = \frac{1}{r} \\
\Gamma^{\phi}_{rt} &= \Gamma^{\phi}_{tr} = \frac{R_s a}{2\,r^4\left(1-\frac{R_s}{r}\right)} \\
\Gamma^{\phi}_{\theta t} &= \Gamma^{\phi}_{t\theta} = -\frac{R_s a\,\cos\theta}{r^3\sin\theta}
\end{aligned}$$

Als nächster Schritt wird nun die Gleichung (1.25c) differenziert, und man kommt durch eine geeignete Umformung auf folgenden Ausdruck

$$-2\,r^2\,\ddot{\theta} - 4\,r\,\dot{r}\dot{\theta} - 4\,\frac{R_s}{r}\,a\,\sin\theta\,\cos\theta\,c\dot{t}\dot{\phi} + 2\,r^2\sin\theta\,\cos\theta\,\dot{\phi}^2 = 0$$

Durch Division von $-2\,r^2$ erhält man die gewünschte Geodätengleichung

$$\ddot{\theta} - \frac{2}{r}\,\dot{r}\dot{\theta} + 2\,\frac{R_s}{r^3}\,a\,\sin\theta\,\cos\theta\,c\dot{t}\dot{\phi} - \sin\theta\,\cos\theta\,\dot{\phi}^2 = 0 \qquad (1.52)$$

Aus dieser Gleichung lassen sich folgende Christoffelsymbole ablesen

$$
\begin{aligned}
\Gamma^{\theta}_{r\theta} &= \Gamma^{\theta}_{\theta r} = \frac{1}{r} \\
\Gamma^{\theta}_{t\phi} &= \Gamma^{\theta}_{\phi t} = \frac{R_s}{r^3}\, a \,\sin\theta\, \cos\theta \\
\Gamma^{\theta}_{\phi\phi} &= -\sin\theta\, \cos\theta
\end{aligned}
$$

Schließlich betrachtet man die Gleichung (1.25b), aus der durch Umformung folgender Ausdruck erzielt wird

$$
\begin{aligned}
&-\frac{2\,\ddot{r}}{\left(1-\frac{R_s}{r}\right)} + \frac{2\,R_s}{r^2\left(1-\frac{R_s}{r}\right)^2}\,\dot{r}^2 - \frac{R_s}{r^2}\,c^2\dot{t}^2 + 2\,r\,\dot{\theta}^2 + \\
&+\frac{2R_s}{r^2}\,a\,\sin^2\theta\, c\dot{t}\dot{\phi} - \frac{R_s}{r^2\left(1-\frac{R_s}{r}\right)^2}\,\dot{r}^2 + 2\,r\sin^2\theta\,\dot{\phi}^2 = 0
\end{aligned}
$$

und durch passende Vereinfachung die Geodätengleichung für die Koordinate r wie folgt erhalten wird

$$
\begin{aligned}
&\ddot{r} - \frac{R_s}{2\,r^2\left(1-\frac{R_s}{r}\right)}\,\dot{r}^2 + \frac{R_s}{2\,r^2}\left(1-\frac{R_s}{r}\right)c^2\dot{t}^2 - r\left(1-\frac{R_s}{r}\right)\dot{\theta}^2 - \\
&-\frac{R_s\,a\,\sin^2\theta}{r^2}\left(1-\frac{R_s}{r}\right)c\dot{t}\dot{\phi} - r\sin^2\theta\left(1-\frac{R_s}{r}\right)\dot{\phi}^2 = 0 \qquad (1.53)
\end{aligned}
$$

Für die Christoffelsymbole ergibt sich aus dieser Gleichung

$$
\begin{aligned}
\Gamma^{r}_{rr} &= -\frac{R_s}{2\,r^2\left(1-\frac{R_s}{r}\right)} \\
\Gamma^{r}_{tt} &= \frac{R_s}{2\,r^2}\left(1-\frac{R_s}{r}\right) \\
\Gamma^{r}_{\theta\theta} &= -r\left(1-\frac{R_s}{r}\right) \\
\Gamma^{r}_{\phi\phi} &= -r\,\sin^2\theta\left(1-\frac{R_s}{r}\right) \\
\Gamma^{r}_{t\phi} &= \Gamma^{r}_{\phi t} = -\frac{R_s\,a\,\sin^2\theta}{2\,r^2}\left(1-\frac{R_s}{r}\right)
\end{aligned}
$$

In der linearisierten Kerrmetrik gibt es von den 64 möglichen Christoffelsymbolen 23, die nicht verschwinden, weitere zwei, die aufgrund der Vernachlässigung nichtlinearer Terme im Drehimpuls a null werden, und die restlichen 39 sind identisch null.

Die 23 Christoffelsymbole in der linearisierten Kerr-Metrik lauten:

- Christoffelsymbole mit fester Koordinate t:

$$
\begin{aligned}
\Gamma^t_{tr} &= \Gamma^t_{rt} = \frac{R_s}{2\,r^2\left(1-\frac{R_s}{r}\right)} \\
\Gamma^t_{r\phi} &= \Gamma^t_{\phi r} = -\frac{3\,R_s\,a\,\sin^2\theta}{2\,r^2\left(1-\frac{R_s}{r}\right)}
\end{aligned}
$$

- Christoffelsymbole mit fester Koordinate r:

$$
\begin{aligned}
\Gamma^r_{rr} &= -\frac{R_s}{2\,r^2\left(1-\frac{R_s}{r}\right)} \\
\Gamma^r_{tt} &= \frac{R_s}{2\,r^2}\left(1-\frac{R_s}{r}\right) \\
\Gamma^r_{\theta\theta} &= -r\left(1-\frac{R_s}{r}\right) \\
\Gamma^r_{\phi\phi} &= -r\,\sin^2\theta\left(1-\frac{R_s}{r}\right) \\
\Gamma^r_{t\phi} &= \Gamma^r_{\phi t} = -\frac{R_s\,a\,\sin^2\theta}{2\,r^2}\left(1-\frac{R_s}{r}\right)
\end{aligned}
$$

- Christoffelsymbole mit fester Koordinate θ:

$$
\begin{aligned}
\Gamma^\theta_{r\theta} &= \Gamma^\theta_{\theta r} = \frac{1}{r} \\
\Gamma^\theta_{t\phi} &= \Gamma^\theta_{\phi t} = \frac{R_s}{r^3}\,a\,\sin\theta\,\cos\theta \\
\Gamma^\theta_{\phi\phi} &= -\sin\theta\,\cos\theta
\end{aligned}
$$

- Christoffelsymbole mit fester Koordinate ϕ:

$$\begin{aligned}
\Gamma^{\phi}_{\theta\phi} &= \Gamma^{\phi}_{\phi\theta} = \cot\theta \\
\Gamma^{\phi}_{r\phi} &= \Gamma^{\phi}_{\phi r} = \frac{1}{r} \\
\Gamma^{\phi}_{rt} &= \Gamma^{\phi}_{tr} = \frac{R_s\, a}{2\, r^4 \left(1 - \frac{R_s}{r}\right)} \\
\Gamma^{\phi}_{\theta t} &= \Gamma^{\phi}_{t\theta} = \frac{R_s\, a\, \cos\theta}{r^3 \sin\theta}
\end{aligned}$$

1.8.1 Äquatoriale Kreisbahnen

Es kann entsprechend der Gleichung (1.45) der Ansatz gemacht werden

$$r(\tau) = r + \epsilon\, F^1$$

$$\theta(\tau) = \frac{\pi}{2} + \epsilon\, F^2$$

Weil im Falle äquatorialer Kreisbahnen die Koordinate r konstant und die Koordinate $\theta = \pi/2$ ist, muß die Bahnstörung F^1 ebenfalls konstant und die Bahnstörung F^2 gleich null sein.

Mit der Anfangsbedingug $F^1|_{\tau=0}$, d. h. der Bahnradius der gestörten Bahn soll mit dem Radius r_o der Schwarzschildgeodäten übereinstimmen, und mit $\epsilon = a/c$, da hier im Drehimpuls a linearisiert wird, folgt

$$r(\tau) = r + \frac{a}{c}\, F^1 \equiv r_o$$

Der nächste Schritt ist die Berechnung der Bahnstörungen F^0 und F^3 mit der Gleichung (1.46), um somit die Geodäten $t(\tau)$ und $\phi(\tau)$ nach Gleichung (1.45) zu erhalten.

Der Ansatz für diese beiden Geodäten lautet

$$t(\tau) = t_{ss} + \frac{a}{c}\, F^0$$

$$\phi(\tau) = \phi_{ss} + \frac{a}{c}\, F^3$$

Setzt man für t_{ss} Gleichung (1.21a) mit der Bedingung $t_0 = 0$ ein, so bekommt man

$$t(\tau) = \frac{\Omega_{SS}}{\Omega_0}\,\tau + \frac{a}{c}\,F^0 \tag{1.54}$$

Dasselbe macht man für ϕ_{ss}, indem man die Gleichung (1.21d) heranzieht, und man erhält

$$\phi(\tau) = \Omega_{SS}\,\tau + \eta_o + \chi_o + \frac{a}{c}\,F^3 \tag{1.55}$$

Als nächstes schreibt man die Gleichung (1.46) für jede einzelne Koordinate an

$$\frac{D}{D\tau}\frac{dt}{d\tau} \equiv \frac{D}{D\tau}\frac{dt_{ss}}{d\tau} + \frac{a}{c}\frac{\tilde{D}}{D\tau}\frac{dF}{d\tau} = 0 \tag{1.56a}$$

$$\frac{D}{D\tau}\frac{dr}{d\tau} \equiv \frac{D}{D\tau}\frac{dr_{ss}}{d\tau} + \frac{a}{c}\frac{\tilde{D}}{D\tau}\frac{dF}{d\tau} = 0 \tag{1.56b}$$

$$\frac{D}{D\tau}\frac{d\theta}{d\tau} \equiv \frac{D}{D\tau}\frac{d\theta_{ss}}{d\tau} + \frac{a}{c}\frac{\tilde{D}}{D\tau}\frac{dF}{d\tau} = 0 \tag{1.56c}$$

$$\frac{D}{D\tau}\frac{d\phi}{d\tau} \equiv \frac{D}{D\tau}\frac{d\phi_{ss}}{d\tau} + \frac{a}{c}\frac{\tilde{D}}{D\tau}\frac{dF}{d\tau} = 0 \tag{1.56d}$$

Aus der Gleichung (1.56b) bekommt man aufgrund der störungstheoretischen Ansätze (1.54) und (1.55) folgenden Ausdruck

$$-\frac{R_s}{r^2}\,c^2\,\dot{t}^2 + 2\,a\,c\,\frac{R_s}{r^2}\left(\frac{\Omega_{SS}}{\Omega_0} + \frac{a}{c}\,\dot{F}^0\right)\left(\Omega_{SS} + \frac{a}{c}\,\dot{F}^3\right) + 2r\,\dot{\phi}^2 = 0$$

und durch Linearisierung im Drehimpuls a erzielt man

$$-\frac{R_s}{r^2}\,c^2\,\dot{t}^2 + 2\,a\,c\,\frac{R_s}{r^2}\,\frac{\Omega_{SS}^2}{\Omega_0} + 2r\,\dot{\phi}^2 + O\left(\frac{a^2}{c^2}\right) = 0 \tag{1.57}$$

Somit erhält man

$$\dot{t}^2 = 2\,\frac{a}{c}\,\frac{\Omega_{SS}^2}{\Omega_0} + 2\,\frac{r^3}{R_s\,c^2}\,\dot{\phi}^2$$

Für den Äquatorfall lautet die Lagrange-Funktion

$$L = \left(1 - \frac{R_s}{r}\right) c^2 \dot{t}^2 + 2\,a\,c\,\frac{R_s}{r}\,\dot{t}\dot{\phi} - r^2 \dot{\phi}^2 \tag{1.58}$$

Einsetzen in die Lagrange-Funktion liefert

$$\begin{aligned} L &= \left(1 - \frac{R_s}{r}\right) c^2 \left[2\,\frac{a}{c}\,\frac{\Omega_{SS}^2}{\Omega_0} + 2\,\frac{r^3}{R_s\,c^2}\,\dot{\phi}^2\right] + \\ & \quad 2\,a\,c\,\frac{R_s}{r}\left(\frac{\Omega_{SS}}{\Omega_0} + \frac{a}{c}\,\dot{F}^0\right)\left(\Omega_{SS} + \frac{a}{c}\,\dot{F}^3\right) - r^2\,\dot{\phi}^2 \end{aligned}$$

Da das Linienelement $ds = c\,d\tau$ und $L = (ds/d\tau)^2$ ist, kann die vorhergehende Gleichung folgend geschrieben werden

$$c^2 = 2\,a\,c\left(1 - \frac{R_s}{r}\right)\frac{\Omega_{SS}^2}{\Omega_0} + \dot{\phi}^2\left[2\,\frac{r^3}{R_s}\left(1 - \frac{R_s}{r}\right) - r^2\right] + 2\,a\,c\,\frac{R_s}{r}\,\frac{\Omega_{SS}^2}{\Omega_0} + O\left(\frac{a^2}{c^2}\right)$$

Durch passende Umformung bekommt man

$$\dot{\phi}^2 = c^2\left(1 - 2\,\frac{a}{c}\,\frac{\Omega_{SS}^2}{\Omega_0}\right)\left[\frac{2\left(1 - \frac{R_s}{r}\right) r^3}{R_s} - r^2\right]^{-1}$$

und Wurzelziehen führt zu

$$\dot{\phi} = c\sqrt{1 - 2\,\frac{a}{c}\,\frac{\Omega_{SS}^2}{\Omega_0}}\left[\frac{r^2(2\,r - 3\,R_s)}{R_s}\right]^{-1/2}$$

Mit den Gleichungen (1.16) und (1.9) erhält man

$$\begin{aligned} \dot{\phi} &= c\sqrt{1 - 2\,\frac{a}{c}\,\frac{\Omega_{SS}^2}{\Omega_0}}\left[\underbrace{\frac{2\,r^3}{R_s}\left(1 - \frac{3\,R_s}{2\,r}\right)}_{c^2/\Omega_{SS}^2}\right]^{-1/2} \\ &= c\sqrt{1 - 2\,\frac{a}{c}\,\frac{\Omega_{SS}^2}{\Omega_0}}\,\frac{\Omega_{SS}}{c} \end{aligned}$$

Entwicklung der Wurzel nach a/c ergibt

$$\begin{aligned}\dot{\phi} &= \Omega_{SS}\left(1 - 2\,\frac{a}{c}\,\frac{\Omega_{SS}^2}{\Omega_0}\right)^{1/2} \\ &= \Omega_{SS} - \frac{a}{c}\,\frac{\Omega_{SS}^3}{\Omega_0} + O\left(\frac{a^2}{c^2}\right) \\ &\approx \Omega_{SS} - \frac{a}{c}\,\frac{\Omega_{SS}^3}{\Omega_0}\end{aligned}$$

Integration dieser Gleichung liefert

$$\phi(\tau) = \Omega_{SS}\,\tau - \frac{a}{c}\,\frac{\Omega_{SS}^3}{\Omega_0}\,\tau + C$$

Als Anfangswert wählt man $\phi(0) = \eta_o + \chi_o$, um mit der Schwarzschildgeodäte in Übereinstimmung zu bleiben, und somit lautet die Integrationskonstante

$$C = \eta_o + \chi_o$$

Die Kerrgeodäte $\phi(\tau)$ hat folgendes Aussehen

$$\phi(\tau) = \Omega_{SS}\,\tau - \frac{a}{c}\,\frac{\Omega_{SS}^3}{\Omega_0}\,\tau + \eta_o + \chi_o \tag{1.59}$$

Um die Kerrgeodäte $t(\tau)$ zu bekommen, wird zunächst die Lagrange'sche Bewegungsgleichung (1.57) wie folgt umgeformt

$$\dot{\phi}^2 = \frac{R_s\,c^2}{2\,r^3}\,\dot{t}^2 - a\,c\,\frac{R_s\,\Omega_{SS}^2}{r^3\,\Omega_0}$$

Setzt man nun diesen Ausdruck und die Gleichungen (1.54) und (1.55) in die Lagrange-Funktion (1.58) ein, bekommt man

$$\begin{aligned}L &= \left(1 - \frac{R_s}{r}\right) c^2\,\dot{t}^2 + 2\,a\,c\,\frac{R_s}{r}\left(\frac{\Omega_{SS}}{\Omega_0} + \frac{a}{c}\,\dot{F}^0\right)\left(\Omega_{SS} + \frac{a}{c}\,\dot{F}^3\right) - \\ &\quad - \frac{R_s\,c^2}{2\,r}\,\dot{t}^2 + a\,c\,\frac{R_s}{r}\,\frac{\Omega_{SS}^2}{\Omega_0}\end{aligned}$$

und wegen $L = c^2$ folgt

$$c^2 = c^2\,\dot{t}^2 \left[\left(1 - \frac{R_s}{r}\right) - \frac{R_s}{2r}\right] + 2\,a\,c\,\frac{R_s}{r}\,\frac{\Omega_{SS}^2}{\Omega_0} + a\,c\,\frac{R_s}{r}\,\frac{\Omega_{SS}^2}{\Omega_0} + O\left(\frac{a^2}{c^2}\right)$$

Durch Umformung sieht man

$$\dot{t}^2 \approx \left(1 - 3\,\frac{a}{c}\,\frac{R_s}{r}\,\frac{\Omega_{SS}^2}{\Omega_0}\right)\left[\left(1 - \frac{R_s}{r}\right) - \frac{R_s}{2r}\right]^{-1}$$

Durch Wurzelziehen und Anwendung der Gleichung (1.16) folgt

$$\begin{aligned}\dot{t} &= \sqrt{1 - 3\,\frac{a}{c}\,\frac{R_s}{r}\,\frac{\Omega_{SS}^2}{\Omega_0}}\left[\frac{2\,r\left(1 - \frac{R_s}{r}\right) - R_s}{2\,r}\right]^{-1/2} \\ &= \sqrt{1 - 3\,\frac{a}{c}\,\frac{R_s}{r}\,\frac{\Omega_{SS}^2}{\Omega_0}}\;\frac{\Omega_0}{\Omega_{SS}}\end{aligned}$$

Wegen Vernachlässigung der nichtlinearen Terme a/c bekommt man

$$\begin{aligned}\dot{t} &= \frac{\Omega_{SS}}{\Omega_0}\left[1 - 3\,\frac{a}{c}\,\frac{R_s}{r}\,\frac{\Omega_{SS}^2}{\Omega_0}\right]^{1/2} \\ &\approx \frac{\Omega_{SS}}{\Omega_0}\left(1 - 3\,\frac{a}{c}\,\frac{R_s}{2\,r}\,\frac{\Omega_{SS}^2}{\Omega_0}\right)\end{aligned}$$

Aufgrund der Relation (1.9) ergibt sich weiters

$$\dot{t} = \frac{\Omega_{SS}}{\Omega_0} - 3\,\frac{a}{c^3}\,\Omega_{SS}^3\,r^2$$

Integration dieser Gleichung liefert mit der Integrationskonstanten t_o die kreisförmige Kerrgeodäte $t(\tau)$

$$t(\tau) = \frac{\Omega_{SS}}{\Omega_0}\,\tau - 3\,\frac{a}{c^3}\,\Omega_{SS}^3\,r^2\,\tau + t_o \tag{1.60}$$

Somit lauten die kreisförmigen Geodätenbahnen in der linearisierten Kerr-Metrik für den Äquatorfall explizit

$$t(\tau) = \frac{\Omega_{SS}}{\Omega_0}\,\tau - 3\,\frac{a}{c^3}\,\Omega_{SS}^3\,r^2\,\tau + t_o \tag{1.61a}$$

$$r(\tau) = r_o \tag{1.61b}$$

$$\theta(\tau) = \frac{\pi}{2} \tag{1.61c}$$

$$\phi(\tau) = \Omega_{SS}\,\tau - \frac{a}{c}\,\frac{\Omega_{SS}^3}{\Omega_0}\,\tau + \eta_o + \chi_o \tag{1.61d}$$

1.8.2 Nichtäquatoriale Kreisbahnen

Im Falle der linearisierten Kerr-Metrik ändert sich jedoch die Bahnebene des Teilchens mit der Zeit. Daher muß für die beiden Koordinaten θ und ϕ der Kerr-Metrik ein störungstheoretischer Ansatz gemacht werden, und die Transformationsgleichungen (1.40) werden unter Vernachlässigung der nichtlinearen Glieder im spezifischen Drehimpuls a wie folgt modifiziert.

Berechnung der Transformationsgleichungen

Gleichung (1.40a) wird zu

$$\tan\left(\theta_{ss} + \frac{a}{c}\,F^2\right) = \frac{\cot\alpha}{\sin\left(\phi_{ss} + \frac{a}{c}\,F^3\right)}$$

Mit dem Summensatz für $\tan(x \pm y)$ und mit $\tan x \approx x$ für $x \ll$ folgt

$$\frac{\tan\theta_{ss} + \frac{a}{c}\,F^2}{1 - \frac{a}{c}\,F^2\,\tan\theta_{ss}} = \frac{\cot\alpha}{\sin\phi_{ss} + \frac{a}{c}\,F^3\,\cos\phi_{ss}}$$

und Entwicklung der Ausdrücke im Nenner nach a/c liefert die Beziehung

$$\begin{aligned} \tan\left(\theta_{ss} + \frac{a}{c}\,F^2\right) &= \tan\theta_{ss} + \frac{a}{c}\,F^2\left(1 + \tan^2\theta_{ss}\right) = \\ &= \frac{\cot\alpha\left(1 - \frac{a}{c}\,F^3\,\cot\phi_{ss}\right)}{\sin\phi_{ss}} \end{aligned} \tag{1.62}$$

Die Gleichung (1.40b) wird folgend geschrieben

$$\dot{\theta}_{ss} + \frac{a}{c}\,\dot{F}^2 = -\frac{\cot\alpha\,\cos\left(\phi_{ss} + \frac{a}{c}\,F^3\right)}{\sin^2\left(\phi_{ss} + \frac{a}{c}\,F^3\right) + \cot^2\alpha}\left(\dot{\phi}_{ss} + \frac{a}{c}\,\dot{F}^3\right)$$

Erneut bekommt man über die Summensätze $\cos(x \pm y)$ und $\sin(x \pm y)$ mit den Relationen $\sin x \approx x$ für $x \ll$ und $\cos x \approx 1$ für $x \ll$

$$\dot{\theta}_{ss} + \frac{a}{c}\,\dot{F}^2 = -\frac{\cot\alpha\,\cos\left(\phi_{ss} + \frac{a}{c}\,F^3\,\sin\phi_{ss}\right)}{\sin^2\phi_{ss} + 2\,\frac{a}{c}\,F^3\,\cos\phi_{ss}\,\sin\phi_{ss} + \cot^2\alpha}\left(\dot{\phi}_{ss} + \frac{a}{c}\,\dot{F}^3\right)$$

und durch Entwicklung nach a/c bekommt man die modifizierte Transformationsgleichung

$$\dot{\theta}_{ss} + \frac{a}{c}\,\dot{F}^2 = -\frac{\cot\alpha\left[\cos\phi_{ss} - \frac{a}{c}\,F^3\,\sin\phi_{ss}\left(1 + 2\,\frac{\cos^2\phi_{ss}}{\sin\phi_{ss}^2 + \cot^2\alpha}\right)\right]}{\sin^2\phi_{ss} + \cot^2\alpha}\left(\dot{\phi}_{ss} + \frac{a}{c}\,\dot{F}^3\right)$$

Die Gleichung (1.40c) lautet nun

$$\cos^2\left(\theta_{ss} + \frac{a}{c}\,F^2\right) = \frac{\sin^2\left(\phi_{ss} + \frac{a}{c}\,F^3\right)}{\sin^2\left(\phi_{ss} + \frac{a}{c}\,F^3\right) + \cot^2\alpha}$$

und aufgrund der Summensätze erhält man den Ausdruck

$$\cos^2\theta_{ss} - 2\,\frac{a}{c}\,F^2\,\sin\theta_{ss}\,\cos\theta_{ss} = \frac{\sin^2\phi_{ss} + 2\,\frac{a}{c}\,F^3\,\cos\phi_{ss}\,\sin\phi_{ss}}{\sin^2\phi_{ss} + 2\,\frac{a}{c}\,F^3\,\cos\phi_{ss}\,\sin\phi_{ss} + \cot^2\alpha}$$

Durch Entwicklung des Nenners folgt die Gleichung

$$\cos^2\theta_{ss} - 2\,\frac{a}{c}\,F^2\,\sin\theta_{ss}\,\cos\theta_{ss} = \frac{\sin^2\phi_{ss} + 2\,\frac{a}{c}\,F^3\,\cos\phi_{ss}\,\sin\phi_{ss}\left(1 - \frac{\sin^2\phi_{ss}}{\sin^2\phi_{ss} + \cot^2\alpha}\right)}{\sin^2\phi_{ss} + \cot^2\alpha}$$

Modifiziert man die Gleichung (1.40d), bekommt man

$$\sin^2\left(\theta_{ss} + \frac{a}{c}\,F^2\right) = \frac{\cot^2\alpha}{\sin^2\left(\phi_{ss} + \frac{a}{c}\,F^3\right) + \cot^2\alpha}$$

Der Summensatz $\sin(x \pm y)$ liefert folgenden Ausdruck

$$\sin^2\theta_{ss} + 2\,\frac{a}{c}\,F^2\,\cos\theta_{ss}\,\sin\theta_{ss} = \frac{\cot^2\alpha}{\sin^2\phi_{ss} + 2\,\frac{a}{c}\,F^3\,\cos\phi_{ss}\,\sin\phi_{ss} + \cot^2\alpha}$$

Durch Entwicklung des Nenners nach a/c ergibt sich die modifizierte Transformationsgleichung

$$\sin^2\theta_{ss} + 2\,\frac{a}{c}\,F^2\,\cos\theta_{ss}\,\sin\theta_{ss} = \frac{\cot^2\alpha\left(1 - 2\,\frac{a}{c}\,F^3\,\frac{\cos\phi_{ss}\,\sin\phi_{ss}}{\sin^2\phi_{ss}+\cot^2\alpha}\right)}{\sin^2\phi_{ss} + \cot^2\alpha}$$

Somit lauten die modifizierten Transformationsgleichungen mit den Abkürzungen

$$\Delta_1 = 1 - 2\,\frac{a}{c}\,F^3\,\frac{\cos\phi_{ss}\,\sin\phi_{ss}}{\sin^2\phi_{ss} + \cot^2\alpha}$$

$$\Delta_2 = 2\,\frac{a}{c}\,F^3\,\cos\phi_{ss}\,\sin\phi_{ss}\left(1 - \frac{\sin^2\phi_{ss}}{\sin^2\phi_{ss} + \cot^2\alpha}\right)$$

$$\Delta_3 = \cos\phi_{ss} - \frac{a}{c}\,F^3\,\sin\phi_{ss}\left(1 + 2\,\frac{\cos^2\phi_{ss}}{\sin^2\phi_{ss} + \cot^2\alpha}\right)$$

für den Koordinatenübergang $\theta \to \phi$

$$\tan\theta_{ss} + \frac{a}{c}\,F^2\left(1 + \tan^2\theta_{ss}\right) = \frac{\cot\alpha\,(1 - \frac{a}{c}\,F^3\,\cot\phi_{ss})}{\sin\phi_{ss}} \tag{1.63a}$$

$$\sin^2\theta_{ss} + \frac{2\,a}{c}\,F^2\,\cos\theta_{ss}\,\sin\theta_{ss} = \frac{\cot^2\alpha\,\Delta_1}{\sin^2\phi_{ss} + \cot^2\alpha} \tag{1.63b}$$

$$\cos^2\theta_{ss} - \frac{2\,a}{c}\,F^2\,\sin\theta_{ss}\,\cos\theta_{ss} = \frac{\sin^2\phi_{ss} + \Delta_2}{\sin^2\phi_{ss} + \cot^2\alpha} \tag{1.63c}$$

$$\dot\theta_{ss} + \frac{a}{c}\,\dot F^2 = -\frac{\cot\alpha\,\Delta_3}{\sin^2\phi_{ss} + \cot^2\alpha}\left(\dot\phi_{ss} + \frac{a}{c}\,\dot F^3\right) \tag{1.63d}$$

Berechnung der Geodäte $t(\tau)$

Zur Berechnung der Kerrgeodäten beliebiger Kreisbahnen verwendet man die Lagrange-Funktion

$$L = \left(1 - \frac{R_s}{r}\right) c^2 \dot{t}^2 + 2\,a\,c\,\frac{R_s}{r}\,\sin^2\theta\,\dot{t}\dot{\phi} - r^2\,\dot{\theta}^2 - r^2\sin^2\theta\,\dot{\phi}^2 \tag{1.64}$$

und die Lagrange'sche Bewegungsgleichung

$$-\frac{R_s}{r^2}\,c^2\,\dot{t}^2 + 2\,a\,c\,\frac{R_s}{r^2}\,\sin^2\theta\,\dot{t}\dot{\phi} + 2\,r\,\dot{\theta}^2 + 2\,r\,\sin^2\theta\,\dot{\phi}^2 = 0 \tag{1.65}$$

Für die Geodäte $t(\tau)$ können die Gleichungen (1.40b), (1.40d) in die Lagrange-Funktion eingesetzt werden und man erhält

$$\begin{aligned} L &= \left(1 - \frac{R_s}{r}\right) c^2 \dot{t}^2 + 2\,a\,c\,\frac{R_s}{r}\left[\frac{\cot^2\alpha}{\cos^2\phi + \cot^2\alpha}\right]\dot{t}\dot{\phi} - \\ &\quad - r^2\left[-\frac{\cot\alpha\,\sin\phi}{\cos^2\phi + \cot^2\alpha}\,\dot{\phi}\right]^2 - r^2\left[\frac{\cot^2\alpha}{\cos^2\phi + \cot^2\alpha}\right]\dot{\phi}^2 \end{aligned}$$

Mit den störungstheoretischen Ansatz für die Kerrgeodäten

$$\begin{aligned} t(\tau) &= t_{ss} + \frac{a}{c}\,F^0 = \frac{\Omega_{SS}}{\Omega_0}\,\tau + \frac{a}{c}\,F^0 \\ \theta(\tau) &= \theta_{ss} + \frac{a}{c}\,F^2 = \arccos[\sin\alpha\,\cos(\Omega_{SS}\,\tau + \eta_o)] + \frac{a}{c}\,F^2 \\ \phi(\tau) &= \phi_{ss} + \frac{a}{c}\,F^3 = \arctan\left[\frac{1}{\cos\alpha}\,\tan(\Omega_{SS}\,\tau + \eta_o)\right] + \chi_o + \frac{a}{c}\,F^3 \end{aligned}$$

und deren erster Ableitung

$$\dot{t}(\tau) = \frac{\Omega_{SS}}{\Omega_0} + \frac{a}{c}\,\dot{F}^0 \tag{1.66a}$$

$$\dot{\theta}(\tau) = \sqrt{\Omega_{SS}^2 - \frac{\Omega_{SS}^2\,\cos^2\alpha}{\sin^2\theta}} + \frac{a}{c}\,\dot{F}^2 \tag{1.66b}$$

$$\begin{aligned} \dot{\phi}(\tau) &= \frac{\Omega_{SS}\,\cos\alpha}{\sin^2\theta} + \frac{a}{c}\,\dot{F}^3 \\ &= \frac{\Omega_{SS}\,\sin^2\alpha}{\cos\alpha}\left(\cos^2\phi + \cot^2\alpha\right) + \frac{a}{c}\,\dot{F}^3 \end{aligned} \tag{1.66c}$$

kann die Lagrange-Funktion folgend geschrieben werden

$$\begin{aligned}
L = c^2 &= \left(1 - \frac{R_s}{r}\right) c^2\, \dot{t}^2 + \\
&\quad +2\, a\, c\, \frac{R_s}{r}\, \frac{\cot^2\alpha}{\cos^2\phi + \cot^2\alpha}\, \frac{\Omega_{SS}^2\, \sin^2\alpha}{\Omega_0\, \cos\alpha} \left(\cos^2\phi + \cot^2\alpha\right) - \\
&\quad -r^2\, \frac{\cot^2\alpha\, \sin^2\phi}{\left(\cos^2\phi + \cot^2\alpha\right)^2}\, \dot{\phi}^2 - r^2\, \frac{\cot^2\alpha}{\cos^2\phi + \cot^2\alpha}\, \dot{\phi}^2 + O\left(\frac{a^2}{c^2}\right)
\end{aligned}$$

Durch Vereinfachung erzielt man

$$\begin{aligned}
c^2 &\approx \left(1 - \frac{R_s}{r}\right) c^2\, \dot{t}^2 + 2\, a\, c\, \frac{R_s}{r}\, \frac{\Omega_{SS}^2}{\Omega_0}\, \cos\alpha - \\
&\quad -r^2\, \frac{\cot^2\alpha}{\cos^2\phi + \cot^2\alpha} \left(\frac{\sin^2\phi}{\cos^2\phi + \cot^2\alpha} + 1\right) \dot{\phi}^2 \qquad (1.67)
\end{aligned}$$

Die Lagrange'sche Bewegungsgleichung lautet unter Beachtung der Gleichungen (1.66a) und (1.66c) sowie (1.40b) und (1.40d)

$$\begin{aligned}
&-\frac{R_s}{r^2}\, c^2\, \dot{t}^2 + 2\, a\, c\, \frac{R_s}{r^2}\, \frac{\cot^2\alpha}{\cos^2\phi + \cot^2\alpha}\, \frac{\Omega_{SS}^2\, \sin^2\alpha}{\Omega_0\, \cos\alpha} \left(\cos^2\phi + \cot^2\alpha\right) && + \\
&\quad +2\, r\, \frac{\cot^2\alpha\, \sin^2\phi}{\left(\cos^2\phi + \cot^2\alpha\right)^2}\, \dot{\phi}^2 + 2\, r\, \frac{\cot^2\alpha}{\cos^2\phi + \cot^2\alpha}\, \dot{\phi}^2 + O\left(\frac{a^2}{c^2}\right) && = 0
\end{aligned}$$

Nun wird sie nach $\dot{\phi}^2$ umgeformt

$$\dot{\phi}^2 \left[2\, r\, \frac{\cot^2\alpha}{\cos^2\phi + \cot^2\alpha} \left(\frac{\sin^2\phi}{\cos^2\phi + \cot^2\alpha} + 1\right)\right] = \frac{R_s}{r^2}\, c^2\, \dot{t}^2 - 2\, a\, c\, \frac{R_s}{r^2}\, \frac{\Omega_{SS}^2}{\Omega_0}\, \cos\alpha$$

und somit folgt

$$\dot{\phi}^2 = \left(\frac{R_s}{r^2}\, c^2\, \dot{t}^2 - 2\, a\, c\, \frac{R_s}{r^2}\, \frac{\Omega_{SS}^2}{\Omega_0}\, \cos\alpha\right) \left[\frac{2\, r\, \cot^2\alpha}{\cos^2\phi + \cot^2\alpha} \left(\frac{\sin^2\phi}{\cos^2\phi + \cot^2\alpha} + 1\right)\right]^{-1}$$

Die nächsten mathematischen Schritte sind Einsetzen dieses Ausdruckes in die Lagrange-Funktion (1.67) und Umformen auf $\dot{t}$.

Vereinfachung dieser Beziehung liefert

$$c^2 = \left(1 - \frac{R_s}{r}\right) c^2\, \dot{t}^2 + 2\,a\,c\,\frac{R_s}{r}\,\frac{\Omega_{SS}^2}{\Omega_0}\,\cos\alpha - \frac{r}{2}\left(\frac{R_s}{r^2}\,c^2\,\dot{t}^2 - 2\,a\,c\,\frac{R_s}{r^2}\,\frac{\Omega_{SS}^2}{\Omega_0}\,\cos\alpha\right)$$

Man erhält weiters

$$\dot{t}^2\left[c^2\left(1 - \frac{R_s}{r}\right) - c^2\frac{R_s}{2\,r}\right] = c^2 - 2\,a\,c\,\frac{R_s}{r}\,\frac{\Omega_{SS}^2}{\Omega_0}\,\cos\alpha - a\,c\,\frac{R_s}{r}\,\frac{\Omega_{SS}^2}{\Omega_0}\,\cos\alpha$$

Unter Berücksichtigung der Relation (1.16) ergibt sich

$$\begin{aligned}
\dot{t}^2 &= c^2\left(1 - 3\,\frac{a}{c}\,\frac{R_s}{r}\,\frac{\Omega_{SS}^2}{\Omega_0}\,\cos\alpha\right)\left[c^2\left(1 - \frac{R_s}{r}\right) - c^2\frac{R_s}{2\,r}\right]^{-1} \\
\dot{t} &= c\sqrt{1 - 3\,\frac{a}{c}\,\frac{R_s}{r}\,\frac{\Omega_{SS}^2}{\Omega_0}\,\cos\alpha}\left[c^2\left(1 - \frac{3\,R_s}{2\,r}\right)\right]^{-1/2} \\
&= c\sqrt{1 - 3\,\frac{a}{c}\,\frac{R_s}{r}\,\frac{\Omega_{SS}^2}{\Omega_0}\,\cos\alpha}\left[c^2\,\frac{\Omega_0^2}{\Omega_{SS}^2}\right]^{-1/2}
\end{aligned}$$

Entwicklung der Wurzel nach a/c führt zu folgendem Ergebnis

$$\begin{aligned}
\dot{t} &= c\left(1 - \frac{3}{2}\,\frac{a}{c}\,\frac{R_s}{r}\,\frac{\Omega_{SS}^2}{\Omega_0}\,\cos\alpha\right)\frac{\Omega_{SS}}{c\,\Omega_0} \\
&= \frac{\Omega_{SS}}{\Omega_0} - \frac{3}{2}\,\frac{a}{c}\,\frac{R_s}{r}\,\frac{\Omega_{SS}^3}{\Omega_0^2}\,\cos\alpha
\end{aligned}$$

Mit Gleichung (1.9) bekommt man

$$\dot{t} = \frac{\Omega_{SS}}{\Omega_0} - 3\,\frac{a}{c^3}\,\Omega_{SS}^3\,r^2\,\cos\alpha$$

Durch Integration resultiert mit der Integrationskonstanten t_o

$$t(\tau) = \left(\frac{\Omega_{SS}}{\Omega_0} - 3\,\frac{a}{c^3}\,\Omega_{SS}^3\,r^2\,\cos\alpha\right)\tau + t_o \tag{1.68}$$

Berechnung der Geodäte $\phi(\tau)$

Als nächstes sucht man die Geodäte $\phi(\tau)$ mit der Lagrange-Funktion (1.64) und der Lagrange'schen Bewegungsgleichung (1.65) auf, indem man die Gleichungen (1.66a), (1.66c), (1.40b) und (1.40d) in die Lagrange'sche Bewegungsgleichung einsetzt und nach $\dot{t}^2$ umformt.

Man erhält

$$\begin{aligned} -\frac{R_s}{r^2}\,c^2\,\dot{t}^2 + 2\,a\,c\,\frac{R_s}{r^2}\,\frac{\cot^2\alpha}{\cos^2\phi+\cot^2\alpha}\,\frac{\Omega_{SS}^2\,\sin^2\alpha}{\Omega_0\,\cos\alpha}\left(\cos^2\phi+\cot^2\alpha\right) &+ \\ +2\,r\,\frac{\cot^2\alpha\,\sin^2\phi}{\left(\cos^2\phi+\cot^2\alpha\right)^2}\,\dot{\phi}^2 + 2\,r\,\frac{\cot^2\alpha}{\cos^2\phi+\cot^2\alpha}\,\dot{\phi}^2 + O\left(\frac{a^2}{c^2}\right) &= 0 \end{aligned}$$

Es ergibt sich für $\dot{t}^2$

$$\dot{t}^2 = 2\,\frac{a}{c}\,\frac{\Omega_{SS}^2}{\Omega_0}\,\cos\alpha + 2\,\frac{r^3}{R_s c^2}\,\frac{\cot^2\alpha}{\cos^2\phi+\cot^2\alpha}\left(\frac{\sin^2\phi}{\cos^2\phi+\cot^2\alpha}+1\right)\dot{\phi}^2$$

Mit der Einführung der Bezeichnung

$$\gamma = \frac{\sin^2\phi}{\cos^2\phi+\cot^2\alpha}+1 = \frac{1+\cot^2\alpha}{\cos^2\phi+\cot^2\alpha}$$

erzielt man durch Einsetzen in die Lagrange-Funktion (1.67)

$$\begin{aligned} c^2 &= \left(1-\frac{R_s}{r}\right)c^2\left[2\,\frac{a}{c}\,\frac{\Omega_{SS}^2}{\Omega_0}\,\cos\alpha + 2\,\frac{r^3}{R_s c^2}\,\frac{\cot^2\alpha}{\cos^2\phi+\cot^2\alpha}\,\gamma\,\dot{\phi}^2\right] + \\ &\quad +2\,a\,c\,\frac{R_s}{r}\,\frac{\Omega_{SS}^2}{\Omega_0}\,\cos\alpha - r^2\,\frac{\cot^2\alpha}{\cos^2\phi+\cot^2\alpha}\,\gamma\,\dot{\phi}^2 \end{aligned}$$

Somit bekommt man

$$\dot{\phi}^2 = c^2\left[1-2\,\frac{a}{c}\,\frac{\Omega_{SS}^2}{\Omega_0}\,\cos\alpha\right]\left[\left(\frac{2\left(1-\frac{R_s}{r}\right)r^3}{R_s}-r^2\right)\frac{\cot^2\alpha}{\cos^2\phi+\cot^2\alpha}\,\gamma\right]^{-1}$$

Wurzelziehen ergibt

$$\dot{\phi} = c\sqrt{1 - 2\,\frac{a}{c}\,\frac{\Omega_{SS}^2}{\Omega_0}\,\cos\alpha}\,\left[\left(\frac{\cot^2\alpha}{\cos^2\phi + \cot^2\alpha}\right)\left(\frac{2\,r^3 - 3\,R_s r^2}{R_s}\right)\gamma\right]^{-1/2}$$

Durch Entwickeln der Wurzel nach a/c und Invertieren des Klammerausdruckes folgt

$$\dot{\phi} = c\left(1 - \frac{a}{c}\,\frac{\Omega_{SS}^2}{\Omega_0}\,\cos\alpha\right)\left[\left(\frac{\cos^2\phi + \cot^2\alpha}{\cot^2\alpha}\right)\underbrace{\left(\frac{R_s}{2\,r^3 - 3\,R_s r^2}\right)}_{\Omega_{SS}^2/c^2}\frac{1}{\gamma}\right]^{1/2}$$

Weitere Umformungen mit der Relation $1 + \cot^2\alpha = 1/\sin^2\alpha$, wobei der Ausdruck γ wieder rücksubstituiert wird, bewirken

$$\begin{aligned}
\dot{\phi} &= c\left(1 - \frac{a}{c}\,\frac{\Omega_{SS}^2}{\Omega_0}\,\cos\alpha\right)\left[\frac{(\cos^2\phi + \cot^2\alpha)^2}{\cot^2\alpha\,(1 + \cot^2\alpha)}\right]^{1/2}\frac{\Omega_{SS}}{c} \\
&= \left(\Omega_{SS} - \frac{a}{c}\,\frac{\Omega_{SS}^3}{\Omega_0}\,\cos\alpha\right)\left[\frac{(\cos^2\phi + \cot^2\alpha)^2\sin^2\alpha}{\cot^2\alpha}\right]^{1/2} \\
&= \left(\Omega_{SS} - \frac{a}{c}\,\frac{\Omega_{SS}^3}{\Omega_0}\,\cos\alpha\right)\left(\frac{\sin\alpha\,\cos^2\phi + \sin\alpha\,\cot^2\alpha}{\cot\alpha}\right)
\end{aligned}$$

Durch Separation der Variablen erhält man folgende Differentialgleichung

$$\left(\frac{\cos\alpha}{\sin^2\alpha\,\cos^2\phi + \cos^2\alpha}\right)d\phi = \left(\Omega_{SS} - \frac{a}{c}\,\frac{\Omega_{SS}^3}{\Omega_0}\,\cos\alpha\right)d\tau \tag{1.69}$$

Aufgrund der Formel

$$\int\frac{dx}{b^2 + d^2\cos^2 ex} = \frac{1}{e\,b\sqrt{b^2 + d^2}}\,\arctan\left(\frac{b\,\tan ex}{\sqrt{b^2 + d^2}}\right)$$

mit $e = 1, b = \cos\alpha$ und $d = \sin\alpha$ folgt

$$\arctan(\cos\alpha\,\tan\phi) = \Omega_{SS}\,\tau - \frac{a}{c}\,\frac{\Omega_{SS}^3}{\Omega_0}\,\cos\alpha\,\tau + C$$

Mit dem störungstheoretischen Ansatz für die Koordinate ϕ

$$\arctan\left[\cos\alpha\,\tan\left(\phi_{ss}+\frac{a}{c}F^3\right)\right]=\Omega_{SS}\,\tau-\frac{a}{c}\frac{\Omega_{SS}^3}{\Omega_0}\cos\alpha\,\tau+C$$

und nach Gleichung (1.62) erhält man für die linke Seite

$$\arctan\left(\cos\alpha\left[\tan\phi_{ss}+\frac{a}{c}F^3\underbrace{\left(1+\tan^2\phi_{ss}\right)}_{1/\cos^2\phi_{ss}}\right]\right)=\Omega_{SS}\,\tau-\frac{a}{c}\frac{\Omega_{SS}^3}{\Omega_0}\cos\alpha\,\tau+C$$

Es ergibt sich als Zwischenergebnis

$$\cos\alpha\,\tan\phi_{ss}+\frac{a}{c}F^3\frac{\cos\alpha}{\cos^2\phi_{ss}}=\tan\left[\Omega_{SS}\,\tau+C-\frac{a}{c}\frac{\Omega_{SS}^3}{\Omega_0}\cos\alpha\,\tau\right] \tag{1.70}$$

Umformen der rechten Seite dieser Gleichung mit dem Summensatz und Entwickeln des Nenners nach a/c ergibt

$$\tan\left[\Omega_{SS}\,\tau+C-\frac{a}{c}\frac{\Omega_{SS}^3}{\Omega_0}\cos\alpha\,\tau\right]=\frac{\tan\left(\Omega_{SS}\,\tau+C\right)-\frac{a}{c}\frac{\Omega_{SS}^3}{\Omega_0}\cos\alpha\,\tau}{1+\frac{a}{c}\frac{\Omega_{SS}^3}{\Omega_0}\cos\alpha\,\tau\,\tan\left(\Omega_{SS}\,\tau+C\right)}=$$

$$=\tan\left(\Omega_{SS}\,\tau+C\right)-\frac{a}{c}\frac{\Omega_{SS}^3}{\Omega_0}\cos\alpha\left[1+\tan^2(\Omega_{SS}\,\tau+C)\right]\tau+O\left(\frac{a^2}{c^2}\right)$$

Aufgrund des Summensatzes bekommt man weiters

$$\tan\left(\Omega_{SS}\,\tau+C\right)=\frac{\tan(\Omega_{SS}\,\tau)+\tan C}{1-\tan(\Omega_{SS}\,\tau)\,\tan C}$$

Nun betrachtet man den gestörten Anteil der Gleichung (1.70), indem man für die rechte Seite die obigen Umformungen einsetzt,

$$\frac{a}{c}F^3\frac{\cos\alpha}{\cos^2\phi_{ss}}=-\frac{a}{c}\frac{\Omega_{SS}^3}{\Omega_0}\cos\alpha\left[1+\frac{(\tan(\Omega_{SS}\,\tau)+\tan C)^2}{(1-\tan(\Omega_{SS}\,\tau)\,\tan C)^2}\right]\tau$$

Mit den Beziehungen $\cos^2\phi_{ss} = \cos^2\psi\,\cos^2\alpha/\sin^2\theta_{ss}$ und $\Omega_{SS}\,\tau = \psi$ folgt

$$\begin{aligned}
F^3 &= -\frac{\cos^2\psi\,\cos\alpha}{\sin^2\theta_{ss}}\left[\frac{\Omega_{SS}^3}{\Omega_0}\cos\alpha\,\frac{(1-\tan(\Omega_{SS}\,\tau)\,\tan C)^2+(\tan\psi+\tan C)^2}{(1-\tan\psi\,\tan C)^2}\right]\tau \\
&= -\frac{\cos^2\psi\,\cos\alpha}{\sin^2\theta_{ss}}\left[\frac{\Omega_{SS}^3}{\Omega_0}\cos\alpha\,\frac{1+\tan^2\psi+\tan^2 C\,(1+\tan^2\psi)}{(1-\tan\psi\,\tan C)^2}\right]\tau \\
&= -\frac{\cos^2\psi\,\cos\alpha}{\sin^2\theta_{ss}}\left[\frac{\Omega_{SS}^3}{\Omega_0}\cos\alpha\,\underbrace{\left(1+\tan^2\psi\right)}_{1/\cos^2\psi}\,\frac{1+\tan^2 C}{(1-\tan\psi\,\tan C)^2}\right]\tau \qquad (1.71)
\end{aligned}$$

Aus dieser Gleichung sieht man, daß für polare Kreisbahnen der Störterm F^3 verschwindet, was jedoch im Falle der linearisierten Kerr-Metrik nicht sein kann, wenn man die Kerrgeodäte $\phi(\tau)$ für polare Bahnen betrachtet.

Diese Geodäte kann aus der Gleichung

$$2\,g_{t\phi}\,c\dot{t} + 2\,g_{\phi\phi}\dot{\phi} = \Phi$$

berechnet werden, indem man den azimutalen Drehimpuls $\Phi = 0$ und die Neigung $\alpha = 90°$ setzt.

Somit folgt

$$\frac{R_s}{r}\,a\,c\dot{t} - r^2\dot{\phi} = 0$$

Mit $\dot{t} = \Omega_{SS}/\Omega_0$ bzw. Gleichung (1.9) erhält man

$$\dot{\phi} = a\,c\,\frac{R_s}{r^3}\,\frac{\Omega_{SS}}{\Omega_0} = 2\,\frac{a}{c}\,\Omega_{SS}\,\Omega_0$$

Integration liefert, wobei die Integrationskonstante gleich $\pi/2 + \chi_o$ gesetzt wird, die Kerrgeodäte $\phi(\tau)$ für polare Kreisbahnen

$$\phi(\tau) = 2\,\frac{a}{c}\,\Omega_{SS}\,\Omega_0\,\tau + \frac{\pi}{2} + \chi_o \qquad (1.72)$$

Der Winkel $\pi/2$ kommt daher, weil die Bahnebene so gewählt wird, daß sie durch die Knotenlinie geht.

Die Gleichung (1.71) wird um den polaren Anteil des Störterms F^3 erweitert, damit sie für polare Bahnen das richtige Ergenis liefert. Um somit das Resultat für äquatoriale Bahnen nicht zu verfälschen, wird die Konstante C entsprechend gewählt. Dies kann jedoch wieder kompensiert werden, indem die Konstante C für den Äquatorfall bestimmt wird.

Der Ausgangspunkt der Berechnung der Konstanten C ist die für den Störterm F^3 um den polaren Anteil erweiterte Gleichung (1.71), die auch für äquatoriale Bahnen gelten muß. Man bekommt

$$\begin{aligned} F^3 &= 2\,\Omega_{SS}\,\Omega_0\,\tau - \\ &- \frac{\cos^2\psi\,\cos\alpha}{\sin^2\theta_{ss}}\left[\frac{\Omega_{SS}^3}{\Omega_0}\,\frac{\cos\alpha}{\cos^2\psi}\,\frac{1+\tan^2 C}{(1-\tan\psi\,\tan C)^2}\right]\tau \end{aligned} \tag{1.73}$$

Um den Term mit der Konstanten C zu bestimmen, wird der Störterm der Gleichung äquatorialer Kreisbahnen (1.61d) herangezogen und $\alpha = 0$ gesetzt. Daher folgt aus Gleichung (1.73)

$$-\frac{\Omega_{SS}^3}{\Omega_0}\,\tau - 2\,\Omega_{SS}\,\Omega_0\,\tau = -\frac{\Omega_{SS}^3}{\Omega_0}\,\tau\,\frac{1+\tan^2 C}{(1-\tan\psi\,\tan C)^2}$$

Vereinfachen und Umformen anhand der Gleichung (1.16) bewirken

$$\frac{1+\tan^2 C}{(1-\tan\psi\,\tan C)^2} = 1 + 2\,\frac{\Omega_0^2}{\Omega_{SS}^2} = 1 + 2\left(1-\frac{3\,R_s}{2\,r}\right) = 3\left(1-\frac{R_s}{r}\right)$$

Unter Beachtung der Relation

$$\sin^2\theta_{ss} = 1-\cos^2\theta_{ss} = 1-\sin^2\alpha\,\cos^2(\Omega_{SS}\,\tau+\eta_o)$$

erhält man die Gleichung (1.73) in ihrer endgültigen Form

$$F^3 = 2\,\Omega_{SS}\,\Omega_0\,\tau - 3\,\frac{\Omega_{SS}^3}{\Omega_0}\left(1-\frac{R_s}{r}\right)\frac{\cos^2\alpha}{1-\sin^2\alpha\,\cos^2(\Omega_{SS}\,\tau+\eta_o)}\,\tau$$

Somit lautet die Kerrgeodäte $\phi(\tau)$

$$\begin{aligned} \phi(\tau) &= \arctan\left[\frac{1}{\cos\alpha}\,\tan(\Omega_{SS}\,\tau+\eta_o)\right] + 2\,\frac{a}{c}\,\Omega_{SS}\,\Omega_0\,\tau - \\ &-3\,\frac{a}{c}\,\frac{\Omega_{SS}^3}{\Omega_0}\left(1-\frac{R_s}{r}\right)\frac{\cos^2\alpha}{1-\sin^2\alpha\,\cos^2(\Omega_{SS}\,\tau+\eta_o)}\,\tau + \chi_o \end{aligned} \tag{1.74}$$

Der Störterm F^2 für die noch fehlende Kerrgeodäte $\theta(\tau)$ kann prinzipiell aus der Gleichung (1.63a) berechnet werden. Man bekommt nach längerer Rechnung, die hier nicht explizit ausgeführt wird, folgenden Ausdruck [5]

$$F^2 = -3\,\frac{\Omega_{SS}^3}{\Omega_0}\left(1-\frac{R_s}{r}\right)\frac{\sin\alpha\,\cos\alpha\,\sin(\Omega_{SS}\,\tau+\eta_o)}{\sqrt{1-\sin^2\alpha\,\cos^2(\Omega_{SS}\,\tau+\eta_o)}}\,\tau$$

Die Kerrgeodäten nichtäquatorialer Kreisbahnen in der linearisierten Kerr-Metrik lauten in expliziter Form

$$t(\tau) = \left(\frac{\Omega_{SS}}{\Omega_0} - 3\,\frac{a}{c^3}\,\Omega_{SS}^3\,r^2\,\cos\alpha\right)\tau + t_o \tag{1.75a}$$

$$r(\tau) = r_o \tag{1.75b}$$

$$\theta(\tau) = \arccos\left[\sin\alpha\,\cos\left(\Omega_{SS}\,\tau+\eta_o\right)\right] - 3\,\frac{a}{c}\,\frac{\Omega_{SS}^3}{\Omega_0}\left(1-\frac{R_s}{r}\right)\frac{\sin\alpha\,\cos\alpha\,\sin(\Omega_{SS}\,\tau+\eta_o)}{\sqrt{1-\sin^2\alpha\,\cos^2(\Omega_{SS}\,\tau+\eta_o)}}\,\tau \tag{1.75c}$$

$$\phi(\tau) = \arctan\left[\frac{1}{\cos\alpha}\,\tan\left(\Omega_{SS}\,\tau+\eta_o\right)\right] + 2\,\frac{a}{c}\,\Omega_{SS}\,\Omega_0\,\tau - 3\,\frac{a}{c}\,\frac{\Omega_{SS}^3}{\Omega_0}\left(1-\frac{R_s}{r}\right)\frac{\cos^2\alpha}{1-\sin^2\alpha\,\cos^2(\Omega_{SS}\,\tau+\eta_o)}\,\tau + \chi_o \tag{1.75d}$$

Eigenzeitdifferenz für einen festen Winkel

Im Gegensatz zum Äquatorfall, wo die beiden Umlaufzeiten explizit ausdrückbar sind, hat man bei nichtäquatorialen Bahnen die Eigenzeit τ implizit gegeben. Für die Eigenzeitdifferenz bedeutet dies, daß sie nicht formal angeschrieben, sondern nur numerisch berechnet werden kann.

Weiters wird die Gleichung (1.75d) mit einem dafür eigens geschriebenen Programm in *Fortran 90* numerisch nach τ_+ und τ_- aufgelöst, wobei die Inklination α bzw. der Phasenwinkel η_o als Laufparameter von 0 bis $\pi/2$ bzw. von 0 bis π fungieren, und schließlich wird die Eigenzeitdifferenz $\Delta\tau = \tau_+ - \tau_-$ gebildet. Als festes Winkelintervall wird der Wert $2\,\pi$ gewählt.

1.9 Abhängigkeit der Eigenzeitdifferenz von der Inklination

Zuerst wird ein Unterprogramm für die Gleichung (1.75d) geschrieben, in der die Eigenzeit τ implizit vorkommt, indem es allen in dieser Gleichung vorkommenden Konstanten außer dem spezifischem Drehimpuls a ihren numerischen Wert zuteilt und die Eigenzeit τ als Funktion der Inklination α und des Phasenwinkels η_o darstellt.

Im Hauptprogramm werden die Eigenzeiten τ_+ und τ_- zu jedem Wert der Inklination α von 0 bis 90 Grad und des Phasenwinkels η_o von 0 bis 180 Grad berechnet, die numerisch aus der Gleichung des Unterprogrammes erhältlich sind, und schließlich wird die Eigenzeitdifferenz $\Delta\tau = \tau_+ - \tau_-$ gebildet.

Nun wird die Eigenzeitdifferenz $\Delta\tau$ als Funktion von α und η_o graphisch dargestellt, wobei auf der x-Achse die Inklination α und auf der y-Achse die Eigenzeitdifferenz $\Delta\tau$ aufgetragen wird.

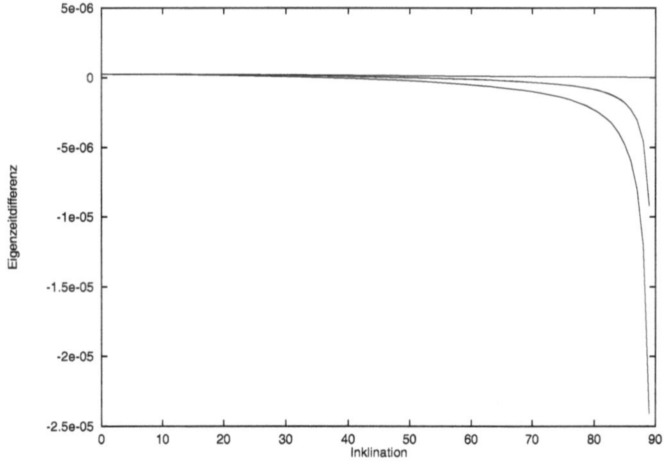

Abbildung 1.2: Abhängigkeit der Eigenzeitdifferenz von der Inklination

Aus der Abbildung 1.2 sieht man, daß die Eigenzeitdifferenz im Falle äquatorialer Umlaufbahnen für alle betrachteten Phasenwinkel η_o gleich ist und für polare Umlaufbahnen für den Phasenwinkel 0 bzw. 180 Grad gegen null und für die Phasenwinkel 36 bzw. 144 und 72 bzw. 108 Grad gegen unendlich geht.

Man erkennt weiters, daß die Kurven für die Phasenwinkel 0 und 180 bzw. 36 und 144 sowie für die Winkel 72 und 108 Grad aus Symmetriegründen übereinstimmen.

Das bedeutet, daß die Gleichung (1.75d) für höhere Inklinationen nicht mehr richtig ist, weil aufgrund physikalischer Überlegungen die Eigenzeitdifferenz für polare Umlaufbahnen verschwinden muß.

Aus der Gleichung (1.75d) erhält man die Eigenzeit τ mit dem störungstheoretischen Ansatz $\tau = \tau_{ss} + \frac{a}{c} F$ in ihrer expliziten Form

$$\begin{aligned} \tau &= \frac{2\pi}{\Omega_{SS}} - \frac{a}{c} 4\pi \frac{\Omega_0}{\Omega_{SS}} \frac{\cos^2 \eta_o \cos \alpha}{\cos^2 \phi_o} + \\ &+ \frac{a}{c} 6\pi \frac{\Omega_{SS}}{\Omega_0} \left(1 - \frac{R_s}{r}\right) \frac{\cos^2 \eta_o \cos^3 \alpha}{(1 - \sin^2 \alpha \cos^2 \eta_o) \cos^2 \phi_o} + \chi_o \end{aligned}$$

Mit der Transformation

$$\cos^2 \phi = \frac{\cos^2 \alpha}{\tan^2 \eta_o + \cos^2 \alpha}$$

bekommt man folgenden Ausdruck für die Eigenzeit τ

$$\begin{aligned} \tau &= \frac{2\pi}{\Omega_{SS}} - \frac{a}{c} 4\pi \frac{\Omega_0}{\Omega_{SS}} \frac{\sin^2 \eta_o + \cos^2 \eta_o \cos^2 \alpha}{\cos \alpha} + \\ &+ \frac{a}{c} 6\pi \frac{\Omega_{SS}}{\Omega_0} \left(1 - \frac{R_s}{r}\right) \frac{\sin^2 \eta_o \cos \alpha + \cos^2 \eta_o \cos^3 \alpha}{1 - \sin^2 \alpha \cos^2 \eta_o} + \chi_o \end{aligned} \qquad (1.76)$$

Bildet man nun den Grenzwert $\alpha \to 90^\circ$ für beide linearisierten Terme der Gleichung (1.76), so sieht man, daß der 1. Term gegen unendlich und der 2. Term gegen null geht. Aus diesen Überlegungen läßt sich grob der Gültigkeitsbereich der Gleichung (1.75d) bezüglich der Inklination α abschätzen.

Wenn der 1. Term sehr klein gegenüber dem 2. Term ist, liefert die Gleichung (1.75d) gute Näherungswerte. Je größer der 1. Term gegenüber dem 2. Term wird, desto ungenauer wird das aus dieser Gleichung erzielte Ergebnis.

Zusammenfassend kann man sagen, daß die Gleichung (1.75d) nicht mehr richtige Werte liefert, wenn der 1. Term im Größenbereich des 2. Terms bzw. darüber liegt. Es bleibt aber die Frage offen, warum diese Gleichung im Bereich hoher Inklinationen für alle Phasenwinkel $\eta_o \neq 0$ die physikalischen Überlegungen nicht erfüllt?

1.10 Nachwort

Wie könnte im wesentlichen eine mögliche Realisierung eines Experimentes ausschauen, die diesen Zeiteffekt nachweisen soll?

Grundsätzlich ist es für die heutige Meßtechnik eine triviale Aufgabe, eine Zeitdifferenz von $2 \cdot 10^{-7}$ Sekunden zu messen. Jedoch erfordert eine experimentelle Anordnung, die diesen sogenannten „gravitomagnetischen“ Zeiteffekt nachweisen soll, nicht nur die Messung der Zeitdifferenz zwischen zwei exakt definierten Ereignissen mit einer Genauigkeit von $2 \cdot 10^{-7}$ Sekunden, sondern die Eigenzeit entlang des direkten und retrograden Umlaufs wird als Uhr verwendet.

Deshalb genügt es nicht, zwei äußerst genaue und stabile Uhren in eine gemeinsame Umlaufbahn zu schicken und sie in entgegengesetzter Richtung die Erde umkreisen zu lassen, sondern die Umlaufbahnen selbst müssen äußerst genau und stabil wie möglich sein.

Will man die betrachtete Zeitdifferenz erhalten, müssen zwei Perioden subtrahiert werden, nämlich jene, welche die Summe einer Keplerperiode und einer viel kleineren relativistischen Korrektur darstellen. Unter der Annahme identer Umläufe kompensieren sich die Keplerperioden und ihre gravitoelektrischen Korrekturen aufgrund der Subtraktion, während sich der gravitomagnetische Effekt aufsummiert. Störungen der Umlaufbahnen werden im allgemeinen die Keplerperioden der umlaufenden Uhren ändern. In diesem Fall werden die Keplerperioden nicht exakt aufgehoben, sondern es zeigt sich eine signifikante Zeitdifferenz.

Um nun ein solches Experiment zu realisieren, müssen sehr genaue Bahndaten von pro- und retrograden Umläufen um die Erde gesammelt werden. Weiters sollen die Umlaufbahnen so kreisförmig wie möglich sein, weil der zu messende Zeiteffekt unter solchen Bedingungen am leichtesten zu bestimmen ist. Diese erforderlichen Daten können gesammelt werden, indem man Atomuhren an Bord von Satelliten auf kreisförmige Umlaufbahnen schickt.

Es existieren aber auch schon satellitengestützte Meßvorrichtungen wie z. B. das *Global Positioning System (GPS)*, mit dem man die Positionen der im Orbit befindlichen Uhren präzise bestimmen kann. Somit müßte sich ein solches Experiment im Prinzip auf Daten stützen können, die im Zusammenhang mit anderen Raumfahrtmissionen gesammelt worden sind.

Die Fehlerquellen eines solchen Satellitenexperimentes lassen sich grob in zwei Gruppen unterteilen, nämlich

1. **Abweichungen von idealen Umlaufbahnen wegen**
   (a) Massenmultipolmomente
   (b) Gravitationseinfluß des Mondes, der Sonne und der Planeten
   (c) Strahlungsdruck
   (d) anderen systematischen Fehlern (z. B. atmosphärische Störungen)

2. **Fehler aufgrund der ungenauen Positionsbestimmung des Satelliten in der momentanen Umlaufbahn**

Aufgrund der Gegenläufigkeit der beiden Uhren können sich verschiedene Zeitabweichungen bzw. Störungen gegenseitig aufheben bzw. minimieren.
Eine einfache Abschätzung zeigt, daß störende Beschleunigungen mit einer Genauigkeit unter $10^{-11}g$ erhalten werden sollen, damit der Zeiteffekt prinzipiell meßbar wird [3].

1. (a) Einfluß der Multipolmomente der Erde:

   Hier sind die störenden Beschleunigungen von der Größenordnung $10^{-3}g$. Momentan ist die Meßtechnik so weit, daß sie das Gravitationsfeld der Erde bis zu einer Genauigkeit von $10^{-9}g - 10^{-10}g$ bestimmen kann [3]. Weiters wird von der von der NASA geplanten Raumfahrtmission GRACE erwartet, daß sie die Meßgenauigkeit um zwei Zehnerpotenzen steigert und es würde dann prinzipiell möglich sein, den Einfluß der Multipolmomente der Erde auf ein solches Experiment zu korrigieren.

   (b) Einfluß des Strahlungsdruckes:

   Der Strahlungsdruck der Sonne bewirkt störende Beschleunigungen der Größenordnung $10^{-8}g$ [3]. Um diese Fehlerquelle unter Kontrolle zu bekommen, muß man den Strahlungsdruck so genau bestimmen, daß solche Korrekturberechnungen durchgeführt werden können. Daher sollte man sogenannte „drag-free“ Satelliten verwenden, die diese Störung auf $10^{-11}g$ herabsetzen würden.

   (c) Einfluß des Gravitationsfeldes der Sonne, des Mondes und der Planeten:

   Die Gravitationsfelder des Mondes und der Sonne bewirken relative Beschleunigungen zwischen der Erde und den Uhren. Die Amplituden dieser Beschleunigungen sind in der Größenordnung $10^{-7}g$ (Mond) und $10^{-8}g$ (Sonne). Der Einfluß der anderen Planeten des Sonnensystems spielt nur eine untergeordnete Rolle, und braucht daher grundsätzlich nicht miteinbezogen zu werden. Da die Positionen des Mondes und der Sonne mit viel größerer Genauigkeit bekannt sind, als es für die Bestimmung ihrer Gravitationsfelder in der Größenordnung $10^{-11}g$ nötig wäre, kann im Prinzip der Einfluß dieser beiden Himmelskörper berücksichtigt werden.

Die zweite Gruppe der Fehlerquellen erfordert die Messung von Distanzen und Winkeln, wobei angemerkt werden muß, daß der Winkel bezüglich eines Fixsternes gemessen werden soll. Bei Verwendung des GPS-Systems kann die Position eines Satelliten entlang einer Umlaufbahn auf einige Zentimeter genau bestimmt werden, und wenn es möglich wäre, den Bahnradius mit einer Genauigkeit von 10^{-4} Meter und den Winkel mit einer Genauigkeit von 10^{-10} Radiant pro Umlauf zu messen, könnte man dieses Uhrenexperiment durchführen.

Diese Anforderungen sind um ein bis zwei Zehnerpotenzen größer als jene, welche mit der heutigen Technologie erreicht werden können. Andererseits muß berücksichtigt werden, daß der Zeiteffekt anwächst und folglich viele Umläufe für eine Messung des gravitomagnetischen Effekts verwendet werden können.

Zusätzlich könnten die statistischen Bahnbestimmungsfehler überwindet werden, wenn es möglich wäre, viele Einzelmessungen vorzunehmen.

Es ist aber klar, daß nach den gerade hier angestellten Überlegungen dieses Uhrenexperiment hohe Präzessionsmessungen verlangt. Jene erforderliche Genauigkeit kann mit der heutigen Meßtechnologie noch nicht erreicht werden, aber dies sollte bald realisierbar sein, da die Genauigkeit nur mehr um einen Faktor 10 verbessert werden muß.

Somit wird der gravitomagnetische Zeiteffekt voraussichtlich in naher Zukunft in Zusammenhang mit anderen Tests der allgemeinen Relativitätstheorie zu Bedeutung gelangen.

Literaturverzeichnis

[1] Misner, Thorne, Wheeler: *Gravitation,* W. H. Freeman and Company (1973)

[2] T. Fließbach: *Allgemeine Relativitätstheorie,* Spektrum-Verlag, 2. Auflage (1995)

[3] F. Gronwald, E. Gruber, H. Lichtenegger, R. Puntigam: *Gravity Probe C_{lock}-Probing the gravitomagnetic field of the Earth by means of a clock experiment,* in Fundamental Physics in Space, 29-37 (1997)

[4] H. Lichtenegger, F. Gronwald, B. Mashhoon: *On detecting the gravito-magnetic field of the Earth by means of orbiting clocks,* Adv. Space Res., impress (1998)

[5] D. S. Theiß: *Neue gravitative Effekte rotierender Massen-Möglichkeiten für weitere Tests der allgemeinen Relativitätstheorie,* Dissertation an der Mathematisch-Naturwissenschaftlichen Fakultät der Universität Köln (1984)

[6] J. M. Cohen, B. Mashhoon: *Standard clocks, interferometry, and gravito-magnetism,* Phys. Lett. A, **181**, 353-358 (1993)